华北克拉通形成与破坏野外地质实习指南

林 伟 彭 澎 周锡强 郭敬辉 陈代钊 等 著

科学出版社

北 京

内 容 简 介

大陆克拉通的形成、演化及破坏的过程，是经典板块构造理论的盲点，也是现代地球科学的前沿科学主题。华北克拉通的陆壳物质始现于38亿年前，最终克拉通化完成于18亿年前，此后经历了十多亿年的稳定地台阶段，至中生代其东部整体经历克拉通破坏；相关地质记录的丰富性和完整性为全球十余个典型克拉通所仅见。北京北部的燕山地区，是上述地质记录保存最为集中的地区。作者在近年来野外教学实践的基础上，综合已有研究成果，编成这本野外实习手册，完整地介绍北京北部华北克拉通形成阶段、盖层发育阶段以及稳定陆壳破坏阶段的标志性地质记录，涉及构造地质学、矿物－岩石学、沉积学等诸多方面。

本书适合地球科学领域的本科生、研究生、教师及科研人员参考。

图书在版编目（CIP）数据

华北克拉通形成与破坏野外地质实习指南 / 林伟等著. —北京：科学出版社，2020.10

ISBN 978-7-03-066222-4

Ⅰ. ①华… Ⅱ. ①林… Ⅲ. ①克拉通－岩体破坏形态－华北地区－实习－指南 Ⅳ. ①P548.22-62

中国版本图书馆CIP数据核字(2020)第180036号

责任编辑：杨明春　韩　鹏／责任校对：张小霞
责任印制：肖　兴／封面设计：图阅盛世

科学出版社 出版

北京东黄城根北街16号
邮政编码：100717
http://www.sciencep.com

北京九天鸿程印刷有限责任公司 印刷
科学出版社发行　各地新华书店经销

＊

2020年10月第 一 版　开本：787×1092　1/16
2020年10月第一次印刷　印张：9 3/4
字数：232 000

定价：128.00 元
（如有印装质量问题，我社负责调换）

序

　　进入 21 世纪，大陆形成与破坏改造已经成为国际地球科学研究的热点问题，特别是克拉通的演化得到国际科学家的广泛关注。与全球其他克拉通相比，华北克拉通是研究大陆演化的最佳切入点，因为它经历了非常复杂的演化过程。华北克拉通形成于 18 亿年前，由东西两个古老地块聚集而成，直到古生代末一直保持稳定。但是，大约 2 亿年以来却不稳定了，它发生了强烈的地壳变形、大规模的岩浆活动和大地震，如 1966 年邢台地震、1975 年海城地震、1976 年唐山地震等。克拉通稳定性整体丧失的本质是"克拉通破坏"，这也是大陆演化的普遍规律。在传统的认识中，大陆被认为是一成不变的，只是随着大洋板块的运动而运动。克拉通破坏的发现，使人们开始重新思考大陆演化的整体面貌。大陆通过漂移、碰撞而发生拼合，进而变成稳定的克拉通，但这并不是大陆演化的终结。在受到周边大洋板块的俯冲作用影响时，克拉通会发生破坏；待到深部地幔恢复到正常状态时，上部的大陆又趋于稳定，形成新的克拉通。新旧更替，周而复始，作为一种重要地球动力学过程的克拉通破坏是大陆演化的关键一环。华北克拉通也成为该领域研究的热点区域，以此为契机，中国科学院地质与地球物理研究所组织相关教学及科研人员在前人工作的基础上开展了详细的野外勘察及研究，在北京云蒙山地区建立了野外实习基地，在查阅参考文献的基础上，组织编写了《华北克拉通形成与破坏野外地质实习指南》。

　　野外地质实习基地位于北京云蒙山地区，距北京市区约 65km。该地区出露新太古代密云杂岩及基性岩墙群、沙厂环斑花岗岩杂岩体、中‑新元古界及古‑中生界地层等，并在 20 世纪 80 年代初确立了我国第一条低角度正断层和第一个变质核杂岩，是理解华北克拉通形成演化与破坏等新重大科学问题的窗口。因其丰富的地质现象，该地区成为第 30 届国际地质大会等国内外重要地学学术会议野外地质考察区域。

　　华北克拉通形成与破坏野外地质实习是沉积学、岩石学、地球化学、构造地质学等课程教学中的重要实践环节，并涉及部分地貌学内容。野外地质考察重点包括：（1）太古宙—古元古代片麻岩（密云群、四合堂群）；（2）中‑新元古界（长城系‑蓟县系‑青白口系）和下古生界至上中生界的沉积地层；（3）中生代髫髻山‑张家口火山岩，石城闪长岩‑云蒙山二长花岗岩‑上庄杂岩等岩浆岩；（4）云蒙山东南侧的拆离断层和北部的四合堂逆冲推覆构造。野外实习要求相关人员能够从认识常见的沉积、构造现象，掌握矿物、岩石的野外鉴定、观察方法入手，了解认识典型克拉通地块各时代地层的主要岩石类型、沉积特征与环境、地层序列及演化；掌握褶皱和断裂构造的识别标志、野外描述和判定方法；熟悉和掌握野外地质工作方法及基本技能；学会利用所获得的实际资料，了解实习区岩石、地层、构造及沉积特征，分析恢复地质发展历史；进而认识和理解克拉通形成—稳定—破坏这一完整的地质过程。

　　通过华北克拉通形成与破坏野外地质实习，参与者可以掌握野外地质工作的基本技能、分析方法及思路；学习从不同时空尺度及地球系统角度，认识华北克拉通的形成—演化—破坏的整体过程，加深对大陆形成破坏改造的理解。本野外地质实习指南涵盖丰富的地质现象，适合不同层次的本科生、研究生、教师及科研人员参考。

2020 年 9 月

前　言

　　华北克拉通是我国最大的克拉通（另外两个为塔里木克拉通和扬子克拉通），其克拉通化完成于 25 亿年前，最终稳定于约 18 亿年前。其后，华北克拉通虽然发育数个裂谷系，但基底岩系长时间保持相对稳定。中生代期间，华北克拉通发生了大规模强烈的构造变形、岩浆活动，并伴生有大量沉积盆地、金属和能源矿产，原有巨厚太古宙岩石圈遭受强烈破坏及巨量减薄，失去本应具有的稳定特征，经历了克拉通破坏（craton destruction）或去克拉通化（decratonization）过程。华北克拉通形成、演化和破坏历程在全球极具代表性，多年来一直是具有"中国特色"的国际地学研究议题。近年来，针对华北克拉通破坏这一重大科学问题，国内外学者围绕岩石圈减薄的时间、样式与机制，以及华北岩石圈深部构造等问题开展了大量研究，并取得了丰硕的成果。目前，华北克拉通破坏已经引起国际地质学界的广泛关注，并成为当今地球科学领域的前沿问题。

　　为全面了解华北克拉通的形成、稳定与破坏的岩石记录，中国科学院地质与地球物理研究所选取北京市密云—怀柔—昌平地区，开展华北克拉通形成与破坏研究生野外地质实习。本次实习将综合岩石学、沉积学、构造地质学等学科，通过野外教学、地质观察、讲解讨论等手段，加强学生对华北克拉通的形成与演化、中 - 新元古界沉积与环境变化、中生代克拉通的破坏与构造演化等科学问题的认识，促进学生对克拉通及地球表层圈层演化的理解。

　　实习内容分为四个部分，包括 46 个实习点。

　　第 1 章，华北克拉通的形成及其标志。包括如下实习点：1-1　密云杂岩（25 亿年前的陆壳）；1-2　密云杂岩及其中的红眼圈麻粒岩（25 亿年前的表壳岩系）；1-3　混合岩化与麻粒岩（25 亿年前的下地壳）；1-4　密云杂岩及其与长城群的不整合（一步跨越 7.5 亿年）；1-5　25 亿年钾质花岗岩及其与长城群的不整合（一步跨越 7.5 亿年）；1-6　密云岩墙群（17.3 亿年，固结纪典型岩浆活动）及其与长城群的不整合；

1-7　沙厂环斑花岗岩杂岩体（16.9 亿年，固结纪典型岩浆活动）及其与长城群的关系；1-8　克拉通一直稳定吗——侏罗系与长城群的不整合（一步跨越 16 亿年）；1-9　克拉通一直稳定吗——四干顶岩体（晚违 15 亿年的花岗岩侵位）。

第 2 章，华北克拉通盖层沉积记录——密云中－新元古界与地球环境演化。包括如下实习点：2-1　长城系，常州沟组；2-2　长城系，串岭沟组；2-3　长城系，团山子组；2-4　长城系，大红峪组；2-5　蓟县系，高于庄组；2-6　蓟县系，杨庄组（备用点）；2-7　蓟县系，雾迷山组；2-8　蓟县系，洪水庄组；2-9　蓟县系，铁岭组；2-10　待建系，下马岭组；2-11　青白口系，长龙山组；2-12　青白口系，景儿峪组；2-13　寒武系，府君山／昌平组。

第 3 章，华北克拉通破坏的岩石与构造证据——云蒙杂岩构造解析。包括如下实习点：3-1　中侏罗世龙门组沉积－构造剖面；3-2　韧性变形及叠加韧性剪切带之上的脆性变形；3-3　大水峪韧性剪切带上盘的岩石变形；3-4　河防口断层下盘韧性剪切带；3-5　铁岭组灰岩；3-6　河防口断层下盘绿泥石化——云蒙峡口（水堡子）；3-7　云蒙山岩体被后期不同期次岩脉穿切的变形特征；3-8　石城闪长岩同蓟县系高于庄组接触界线；3-9　强烈剪切变形地层的层序识别和构造特征分析（贾峪东河边）；3-10　四合堂韧性剪切带；3-11　韧性剪切带；3-12　云蒙山花岗闪长岩；3-13　飞来峰前缘；3-14　构造窗；3-15　逆冲推覆体的前缘；3-16　大水峪韧性剪切带上盘的岩石变形；3-17　大水峪韧性剪切带上盘岩石变形的表现；3-18　云蒙山花岗岩内发育的糜棱岩带；3-19　四海盆地上侏罗统髫髻山组火山岩。

第 4 章，上庄杂岩体。包括如下实习点：4-1　上庄杂岩体辉长岩单元；4-2　上庄杂岩体辉长闪长岩单元；4-3　上庄杂岩体二长闪长岩和辉长闪长岩的接触界线；4-4　上庄杂岩体的粗粒正长岩；4-5　上庄杂岩体的细粒花岗岩。

本实习指南由中国科学院地质与地球物理研究所吴福元院士牵头，教育处和科技处组织所内各专家学者共同编写而成。第 1 章由彭澎执笔，第 2 章由周锡强执笔，第 3 章由林伟执笔，第 4 章由郭敬辉执笔。参与写作的还有李铁胜、陈代钊、王清晨、褚杨、姜能、王浩、纪伟强、赵磊、李友连等。在所有参与者的共同努力下，各项工作历时两年完成。最后，由衷地感谢所有参与组织、撰稿、图件清绘的学者专家的付出，也期望本次出版的实习指南能帮助我们了解北京所拥有的地质特色，并成为学生野外实习及相关地质研究的重要参考。

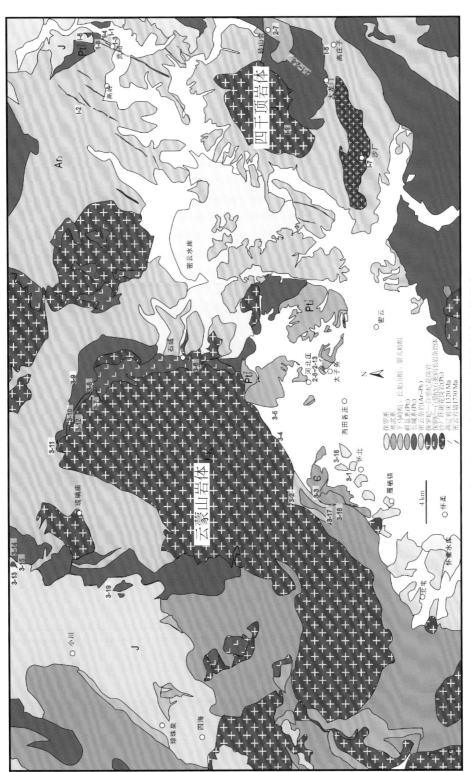

密云怀柔实习区地质简图及野外考察点位分布

目　　录

第1章 华北克拉通的形成及其标志

1.1 地质概况

前寒武纪（5.4亿年以前）是一个漫长的地质时期，分为冥古宙（>40亿年）、太古宙（40亿~25亿年）和元古宙（25亿~5.4亿年）。太古宙分为四个代，以多期次陆壳生长为特征。元古宙分为三个代、十个纪，从老到新分别为古元古代的成铁纪、层侵纪、造山纪和固结纪，中元古代的盖层纪、延展纪和狭带纪，以及新元古代的拉伸纪、成冰纪和埃迪卡拉纪。成铁纪（25亿~23亿年）以大氧化事件及大量苏必利尔湖型条带状铁建造的形成为特征；层侵纪（23亿~20.5亿年）以发育大量层状侵入体，出现冰期为特征；造山纪（20.5亿~18亿年）以全球性的造山事件、极端变质作用（超高温/高压麻粒岩相变质）为特征；固结纪（18亿~16亿年）以结晶基底的稳定和非造山岩浆活动为特征；盖层纪（16亿~14亿年）以大量地台型白云岩沉积为特征；延展纪（14亿~12亿年）以沉积盆地扩大、碎屑沉积岩发育为特征；狭带纪（12亿~10亿年）以发育格林威尔造山带为特征；拉伸纪（10亿~7.2亿年）以伸展及非造山岩浆活动发育为特征；成冰纪（7.2亿~6.35亿年）以发育冰碛岩和盖帽碳酸盐岩为特征；埃迪卡拉纪（6.35亿~5.41亿年）以丰富的化石记录为特征。造山纪—延展纪和狭带纪—埃迪卡拉纪可以视为两个超大陆演化旋回：前者属于哥伦比亚超大陆的演化区间，后者属于罗迪尼亚超大陆的演化区间。

前寒武纪地质时代有两个非常重要的转折时期，一个是太古宙晚期（28亿~25亿年，新太古代），另一个是古元古代晚期（18亿~16亿年，固结纪）。前者表现为形成大量的陆壳（灰色片麻岩和绿岩带），形成全球主要克拉通（克拉通化）；后者表现为全球性的裂谷事件（非造山岩浆活动），代表全球构造体制和地球环境的重大转变。

太古宙形成了与现今规模相当的陆壳，通过克拉通化形成了全球30~40个主要克拉通，这些克拉通具有稳定的岩石圈地幔和中酸性的大陆地壳（圈层分异），具有岩石圈板块特征，从物质上奠定了板块构造的基础。克拉通化过程中形成的大陆地壳，其组成与元古宙及显生宙存在非常大的差异：一些岩类在太古宙之后很少见到，或者虽然在元古宙和显生宙也有产出，但是特征或者规模明显区别于太古宙，如科马提岩、磁铁石英岩、斜长岩、灰色片麻岩及紫苏花岗岩等。这些岩类的形成，很难通过现今正在发生的地质过程实现。这是陆壳地质演化不可逆性的体现，给我们通过将今论古探讨早期地质历史带来了挑战。这也是前寒武纪地质学成为一门专门学科的主要原因之一。

　　太古宙形成的大面积稳定陆块称为克拉通（craton，来自希腊语 kratogen）。按照地质演化特征，克拉通可以分为地盾和地台两种类型。地台以发育盖层沉积为特征，如西伯利亚通古斯克拉通，而地盾很少发育盖层，缺少岩浆活动，如斯拉韦地盾。按照物质组成，克拉通可以分为高级区［high-grade terrains；片麻岩–麻粒岩地体（high-grade gneiss terrains）］和低级区［low-grade terrains；绿岩带（greenstone belt）；花岗岩绿岩地体（low-grade granite-greenstone terrains）］两类构造单元，多分别称为高级区和绿岩带。前者在太古宙中占 70%～80%（Windley，1995）。高级区由高级变质岩石组成，变质级别通常为麻粒岩相–角闪岩相，常呈现穹隆状。主要有三种岩石组合：长英质片麻岩组合｛如 TTG［指英云闪长岩（Tonalite）–奥长花岗岩（Trondhjemite）–花岗闪长岩（Granodiorite）组合］、紫苏花岗岩｝、深变质似绿岩带组合（表壳岩组合：枕状构造斜长角闪岩、超镁铁质岩、孔兹岩系和磁铁石英岩）和克拉通沉积岩与火山岩组合（孔兹岩系、磁铁石英岩、中性麻粒岩、石英岩和大理岩）。一些克拉通以低级区为主（如加拿大苏必利尔克拉通），一些以高级区为主（如印度达瓦克拉通），也有一些两者均较发育（如巴西圣弗朗西斯科克拉通）。比较特殊的如华北克拉通，其发育的结晶基底不同于典型的高级区，也不同于典型的低级区。华北克拉通发育大量的表壳岩系。这些表壳岩系，主要由变质的火山–沉积岩系组成，它们具有典型绿岩带的部分特征，但因为普遍发生角闪岩相–麻粒岩相的高级变质作用，符合高级区变质作用特征。这些高级变质表壳岩系与花岗质片麻岩可称为高级变质花岗岩–绿岩地体。

　　高级区代表性地区有格陵兰南部、波罗的、乌克兰、西伯利亚（阿尔丹）和印度南部等。绿岩带由低级或未变质沉积–火山岩组成，常呈向斜状褶皱带。绿岩带是克拉通的重要组成部分，通常为分散残体状位于克拉通上的变质火山岩和沉积岩的特殊组合。完整的绿岩带由三部分组成：底部是双峰式系列，由科马提岩、拉斑玄武岩及少量的长英质凝灰岩与层状燧石岩组成，缺少安山岩；中部是钙碱性火山岩系列，包括拉斑玄武岩、安山岩、英安岩和少量的科马提岩及碎屑沉积岩等；上部为浅海浊流沉积岩组合。花岗岩区主要有三种类型：片麻状杂岩、底辟岩体和后构造花岗岩。绿岩带多呈孤立的不规则状地质体存在于花岗岩和片麻岩中，平均宽 20～100 km，延长数百千米，最小的只有几百米，内部多呈分支状复式向斜。太古宙地体的著名产地有南非巴伯顿和津巴布韦、澳大利亚的伊尔冈和皮尔巴拉以及加拿大苏必利尔克拉通（阿比提比绿岩带）等。对于高级区与绿岩带的关系尚有疑问，有几种代表性的观点：高级区是绿岩带的深部产物；高级区和绿岩带在年代和构造环境上完全不同；时代大体相同但构造环境完全不同（稳定区—活动区）。我国类似绿岩带的地质体常常变质程度较高，除鲁西绿岩带以外大都缺乏典型的科马提岩，相对缺少富氧化型铁矿富集。

　　形成克拉通（太古宙稳定陆块）的过程，称为克拉通化。克拉通化的动力学机制一直受到广泛关注。由于克拉通的主体岩石（灰色片麻岩／TTG 和绿岩带）均未大面积出现于显生宙，它们的形成过程是否通过板块构造实现，对这一问题的回答直接关系到对地球演化早期动力学机制的认识。大量 TTG 的形成，以及类似于大火成岩省的绿岩带的形成，被一部分学者认为和地幔柱构造有关。从构造样式来看，克拉通地区常见深成侵入体形成的"穹隆"和绿岩带围绕"穹隆"形成的"穹隆 - 龙骨"构造。这一构造样式也被认为可能指示大陆的垂向构造演化过程（地幔柱构造）。然而，大量钙碱性花岗岩的形成也被认为要求大量基性地壳在富水条件下发生部分熔融。因此，它们的形成可能对应于板块构造的动力学过程。只是这种早期的"板块构造"与现今板块构造存在差异。最近的研究揭示，部分克拉通地壳（如印度 Dharwar 克拉通和华北克拉通）具有"三明治"结构特征（Peng et al.，2019），这可能指示垂向生长在克拉通化过程中起着重要作用。然而，克拉通岩石的时空分布特征显示，它们也存在水平方向上的扩展（如 Slave 克拉通），因此，克拉通的生长可能既表现在水平方向上的生长，也表现在垂直方向上的生长（Lin and Beakhouse，2013）。

在克拉通内部，无论高级区还是低级区，占主导的是花岗质侵入体，因其常发育片麻状构造，野外常呈灰色，称为"灰色片麻岩"（grey gneiss）。这是野外实习的重点对象之一。灰色片麻岩最先由加拿大人温·爱德华兹为表示加拿大绿岩带基底的英云闪长 - 奥长花岗质片麻岩提出的，其主体是 TTG 岩系。高级区与低级区的 TTG 成分相似，但高级区以花岗闪长岩为主，低级区以英云闪长岩为主。两种岩区 TTG 地球化学特征相似，但前者大多数不相容大离子亲石元素（LILE）及 Eu 常常亏损，这与麻粒岩相变质有关。目前有两种 TTG 成因模式，第一种为玄武质母岩浆分离结晶；第二种为镁铁质岩石的部分熔融。许多人认为，俯冲带是 TTG 形成的理想环境。华北克拉通基底分布着大量 $2.5 \sim 2.6$ Ga 的不同尺度的 TTG 片麻岩穹隆（$5 \sim 60$ km 长，$2 \sim 40$ km 宽），并被一些网状或线性的约 2.5 Ga 表壳岩的开阔到紧闭向斜分开，穹隆核部常有 2.5 Ga 同构造紫苏花岗岩（麻粒岩相地区）或石英二长岩（角闪岩相地区），如冀东迁安穹隆、崔杖子穹隆和太平寨 - 三屯营穹隆群，辽北清原穹隆和吉南桦甸等，穹隆的形成被认为与 TTG 岩基的侵入有关或由两期或更多期褶皱叠加而成。

野外实习的另一个重点内容是麻粒岩。麻粒岩原指产于德国萨克森地区麻粒山的深色和浅色的二色变质岩石。麻粒岩是一种常见的高级区域变质岩，由粒状变质矿物组成，以岩石中含有高温斜方辉石为重要标志。根据岩性的不同，有时可含有石英、石榴子石、夕线石、蓝晶石、角闪石和 / 或黑云母等。一般认为麻粒岩是细粒到中粒变质岩，为花岗变晶（或粒状变晶）结构，构造从块状到片麻状。富含铁镁矿物的麻粒岩，称为暗色麻粒岩或基性麻粒岩。麻粒岩相的温度范围通常为 $700 \sim 900 \ ℃$，压力范围一般为 $0.3 \sim 1.2$ GPa。麻粒岩主要有两种退变质 $P\text{-}T$ 轨迹：近等温减压（ITD）和近等压冷却（IBC）。前者可能与洋陆俯冲碰撞或者陆陆碰撞造山过程有关，而后者可能与岩浆增生、正常地壳拉伸和增厚地壳拉伸等地质过程有关。麻粒岩有不同分类方案，如根据变质压力可分为高压麻粒岩和中低压麻粒岩，根据 SiO_2 含量不同可分为基性、中性和酸性麻粒岩等。超高温麻粒岩为变质峰期温度 $> 900 \ ℃$ 的高级变质作用形成的变质岩，原岩多为富铝泥质岩。麻粒岩的基本产状可以分为两大类：太古宙面状麻粒岩 - 紫苏花岗岩杂岩和显生宙线状麻粒岩组合。太古宙麻粒岩主要为中、低压麻粒岩（变质压力＜10 kbar[①]），岩石区域性出露，而显生宙麻粒岩则中、高压较多。另外，还有以岩石包裹体形式出露于火成岩中的麻粒岩。麻粒岩地区可见混合岩化现象，主要表现为变质岩发生深熔作用，形成长英质熔体；部分地区形成紫苏花岗岩。实习区发育麻粒岩相变质表壳岩系，可见基性麻粒岩（原岩可能为变质基性火山岩）、酸性麻粒岩（变质酸性火山岩）以及经历麻粒岩相变质的条带状铁建造等。

古元古代晚期（固结纪）是地球构造体制和环境演化的另一个重要转折时期，被认为是地球"中年期"（或称"中世纪"）的肇始，演化时间长达 10 亿年。这一时期，发育大量非造山岩浆活动，尤以基性岩墙群及相关岩浆最为发育（图 1-1），并伴随长时间的沉积作用；其中 16 亿～14 亿年期间，全球发育碳酸盐岩（白云岩为主）台地（图 1-1）。这一时期之后，地球大气圈和水圈逐步演化至与现今相似的状态，这也为生物圈的演化奠定了基础。

古元古代晚期的非造山岩浆活动，上承古元古代造山纪发育的全球性造山事件，下启中元古代盖层纪发育的全球性白云岩沉积，典型的岩浆岩类型包括斜长岩、环斑花岗岩和基性岩墙群。环斑花岗岩（rapakivi granite），以斑晶为球形—卵形的钾长石（条纹长石、微斜长石），外绕更长石环或钠-更长石环为特征。环斑结构主要有两种成因：岩浆混合和结晶分异（快速减压、缓慢降温）（Haapala and Rämö，1999；Sharkov，2010）。一些学者认为环斑花岗岩从本质上是一种出现环斑结构的 A 型花岗岩。环斑花岗岩相关岩浆活动常常表现为双峰式特征（基性+酸性：如，辉绿岩-斜长岩+环斑花岗岩-正长岩）。环斑花岗岩被认为形成于非造山环境，或者与加厚造山带的部分熔融有关，或者与基性岩浆岩的底垫有关。一般认为基性岩浆岩底垫可能对应于活动裂谷或者消亡裂谷（坳拉谷）或者地幔柱活动。环斑花岗岩主要形成于元古宙（1800～1000 Ma），其他时代也有分布，是全球两个巨大的非造山岩浆活动带的重要岩石类型。

基性岩墙群由一定数量的具有相同或相似产状的线性基性岩墙组成，是地壳伸展背景下，来自地幔的基性岩浆侵入体。巨型基性岩墙群是大岩浆岩省的岩浆通道，因此也是常见组成部分。岩墙是一种扁平侵入体，与围岩不谐和，切穿已经存在的岩层或者组构，长度远大于厚度。基性岩墙群常常是克拉通内相当时间内唯一显著的地质记录，起着构造标志和时间标尺的作用，是全球对比，尤其是前寒武纪古陆块对比的重要指标。大多数前寒武纪古大陆发育基性岩墙群（华北克拉通，图 1-1），这些基性岩墙群为超大陆重建提供了重要依据。岩墙群的大小主要和产出的构造背景有关。与火山建造相关的岩墙群通常小于 100 km；与地幔柱相关的岩墙群一般为几百千米，岩墙群的最大尺度甚至可以大于 2000 km（Ernst et al.，2001）。Abbott 和 Isley（2002）提出的超级地幔柱对应的岩浆通道岩墙的最大宽度≥ 70 m。基性岩墙群产出的构造背景多种多样，大多数产出于地幔柱相关的离散型板块边缘或者与板内裂谷系的发育有关。

克拉通是地球表面上相对稳定的构造单元，由上部古老的大陆地壳和下部的岩石圈地幔组成。根据壳幔分异作用的理论，地球在演化的早期主要表现为核幔的形成，继而

[①] 1kbar=10^8Pa。

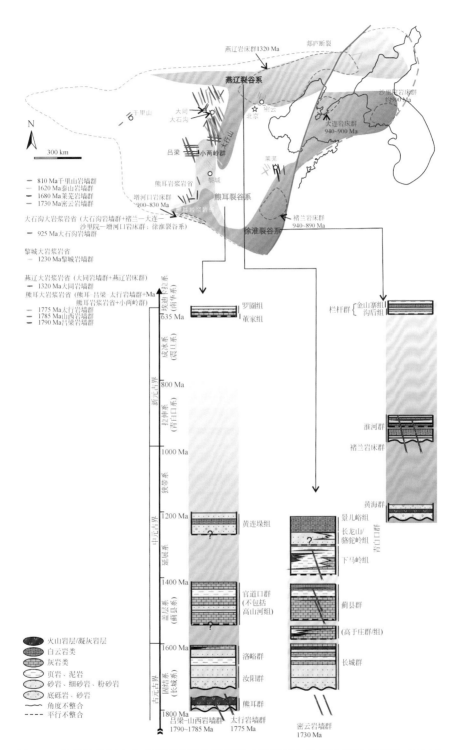

图 1-1　华北陆块元古宙主要岩墙群和裂谷系（及地层）分布示意图（彭澎，2016）

华北克拉通分布的主要岩墙群和裂谷系。其中，规模较大的岩墙群包括 17.8 亿年的太行岩墙群和 9.25 亿年大石沟岩墙群，以及 13.2 亿年燕辽岩床-岩墙群。规模最大的裂谷系包括 17.8 亿～16 亿年的熊耳裂谷系，17.3 亿～12亿年的燕辽裂谷系，以及 10 亿～8 亿年的徐淮裂谷系。注意，岩墙群与裂谷系的演化存在耦合关系，如，17.8 亿年的太行岩墙群与熊耳裂谷系；17.3 亿年密云岩墙群、16.8 亿年莱芜岩墙群、13.2 亿年燕辽岩床-岩墙群、12.3 亿年黎城岩墙群等与燕辽裂谷系；9.25 亿年大石沟岩墙群、9.3 亿～9 亿年沙里院-褚兰-大连岩床群与徐淮裂谷系

地幔发生较大规模部分熔融造成壳幔分异。由于除氧和硅以外，地幔主要由铁和镁组成，它在部分熔融过程中，铁具有相对于镁较低的熔融温度而优先熔出形成玄武岩浆，剩下富镁的残留。但由于镁的密度相对于铁较小，因而残留漂浮在早期形成的地壳之下，构成岩石圈地幔。很显然，部分熔融程度越高，壳幔分异程度越大，所形成的岩石圈地幔密度越小。因此，克拉通岩石圈，特别是其古老岩石圈地幔具有较低的密度，因而能够长久漂浮在地球的表面。而它本身巨大的岩石圈厚度（约 200 km）和较低的热流，导致克拉通不易被俯冲破坏，能够使其较少受到其他地质作用的影响而保持其长期的稳定性。但是，我国的华北克拉通却显示出另一番景象。20 世纪 90 年代，中外学者的大量研究成果已经显示，华北克拉通东部早期古老的巨厚富集岩石圈地幔在古生代以后被薄的亏损型软流圈或大洋型地幔所取代，且从中生代以后进入岩浆、构造变形、成矿、盆地形成等强烈发育的时期，表明华北克拉通，至少在其东部，其原有的克拉通性质自早古生代以来发生过变化，是为克拉通的失稳或被称为克拉通破坏。有关问题和争议，请参阅吴福元等（2008）、Xu（2001）和 Zhu 等（2012）等文献（图 1-2）。以密云所在的燕山地区构造最为典型，我国学者称相关构造过程为燕山运动，以强烈的陆内构造（如云蒙山变质核杂岩）和大面积花岗质岩浆作用（如四干顶、云蒙山花岗岩杂岩体）为特征。

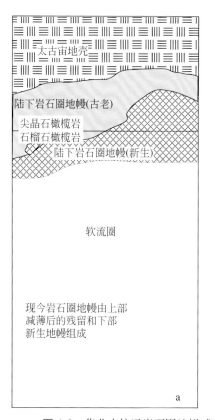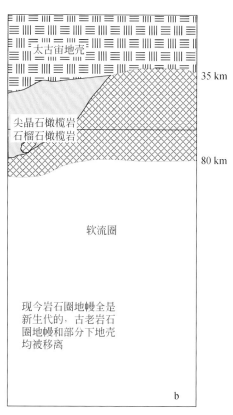

图 1-2 华北克拉通岩石圈地幔减薄的剖面解释模型（吴福元等，2008）

1.2 实习点介绍

前寒武纪结晶基底岩系包括新太古代四合堂杂岩和密云杂岩，古元古代（固结系）基性岩墙群和环斑花岗岩。结晶基底之上为 17.3 亿年至 12 亿/10 亿年的长城系、蓟县系、待建系地层及显生宇寒武系和侏罗系等。中生代发育云蒙山、四干顶等花岗岩杂岩体。其中，云蒙山杂岩体形成变质核杂岩，发育中生代"燕山运动"。

四合堂杂岩和密云杂岩以新太古代形成的表壳岩系为主，发生麻粒岩相 - 角闪岩相变质，其中有少量灰色片麻岩和基性岩，原岩可能为侵入体。另外，杂岩中还有约 25 亿年钾质花岗岩侵入体，为杂岩中最晚期的单元。这些杂岩，多发生混合岩化，混合岩化时代与区域变质的时代接近，约 25 亿年，代表了克拉通化的最晚期阶段岩浆活动。侏罗纪—白垩纪侵入岩岩性为辉长岩 - 石英闪长岩 - 石英二长岩 - 二长花岗岩 - 花岗闪长岩等，岩性变化范围大，代表广泛的壳幔相互作用，是"华北克拉通破坏"最为典型的岩浆活动记录。岩体的隆升，还往往伴随强烈的构造过程，形成变质核杂岩。

野外考察，重点观察新太古代变质表壳岩系（点 1-1、点 1-2）、岩浆岩（点 1-1、点 1-3 和点 1-4）及混合岩（点 1-3）；固结纪岩浆活动：密云岩墙（点 1-6）及环斑花岗岩（点 1-7）。还将考察基底岩石与固结系之间的不整合：点 1-4、点 1-5 和点 1-6 的不整合已发生层间滑动；点 1-6 发育古风化壳和底砾岩。密云杂岩（点 1-1）是太古宙高级变质的表壳岩系，是克拉通组成单元；长城群底部的不整合（点 1-4、点 1-5 和点 1-6）以及密云岩墙群（点 1-6）和沙厂环斑花岗岩（点 1-7）均发育于古元古代固结纪，是构造转折时期重要地质记录。一般认为，克拉通是稳定古陆，内部一般不会发生构造运动；然而，华北克拉通东部在中生代伴随强烈的构造 - 岩浆 - 沉积作用，克拉通稳定性受到破坏，是为"克拉通破坏"。点 1-8 和点 1-9 分别通过沉积不整合及岩浆作用探讨克拉通失稳的内涵。

◉ 点 1-1 密云杂岩（25 亿年前的陆壳）

位置：贾峪村（东，村口）（40°36.028′N；117°9.576′E）。

内容：磁铁石英岩，麻粒岩，英云闪长片麻岩，伟晶岩，辉绿岩岩墙。

讨论：太古宙陆壳的岩石组成和构造样式。

本处是一个废弃的铁矿（图 1-1-1），我们将重点考察密云杂岩磁铁石英岩与麻粒岩。密云杂岩（变质表壳岩系）形成于新太古代，于 2500 Ma 前后发生麻粒岩相变质，其变质 P-T 轨迹具有逆时针特征（贺高品等，1994；Shi et al.，2012）。这些表壳岩系，主体已经变质成基性或者中酸性麻粒岩，也可见磁铁石英岩和大理岩（图 1-1-1、图 1-1-2）。磁铁石英岩，呈透镜状产出于麻粒岩相表壳岩中，与周围酸性麻粒岩或者基性麻粒岩呈过渡接触关系（图 1-1-3），核心部分含铁量往往更高。磁铁石英岩有两种产状，一种为条带状（变质分异成因；图 1-1-3、图 1-1-4），另一种为块状（图 1-1-5），它们与酸性麻粒岩并无本质差异。磁铁石英岩原岩被认为是条带状磁铁石英岩建造（BIF）（有争议）。磁铁石英岩是我国重要的铁矿类型，支撑了钢铁行业的发展。

　　麻粒岩以发育石榴子石、单斜辉石（透辉石）、角闪石、斜长石和石英为特征，部分见紫苏辉石，部分已经退变为斜长角闪岩（图 1-1-6）。麻粒岩的原岩可能是火山岩或者火山岩与沉积岩。

图 1-1-1　密云杂岩剖面全景（图中两个已封闭的涵道为废弃的铁矿石采坑）

剖面宽度约 110 m，视野正前方为北偏东 30°

图 1-1-2　点位对面正在开采中的铁矿（与本点位处于同一个铁矿带上）

远处矿坑长约 700 m，宽约 200 m；视野正前方为南偏东 20°

图 1-1-3　磁铁石英岩的产状

呈透镜体状产出于麻粒岩相表壳岩中，与周围酸性麻粒岩或者基性麻粒岩呈过渡接触关系；
图中中部较为"坚硬"（突出）的部分为磁铁石英岩，核心部分含铁量较高

图 1-1-4　条带状磁铁石英岩

白色部分主要为石英，黑色条带部分主要为磁铁矿，也有石英和角闪石；这些条带是变质分异形成的、
与沉积形成的条带状磁铁石英岩建造（BIF）不同

图 1-1-5　块状构造磁铁石英岩

均匀块状磁铁石英岩，与图 1-1-4 相比，岩石矿物组成并无大的不同（含石榴子石，分布不均匀）

图 1-1-6　酸性麻粒岩和黑云斜长角闪岩

左图为酸性麻粒岩，主要矿物为斜长石和石英，可见石榴子石、二辉石和角闪石；

右图为已经退变成黑云斜长角闪岩的基性麻粒岩

　　本露头可见一些花岗伟晶岩脉（图 1-1-7），这些伟晶岩脉母岩浆可能是本区太古宙岩石混合岩化后形成的花岗质岩脉。伟晶岩是粗粒至巨粒的各种类型的脉状体及团块状体。伟晶岩结构的特征是矿物颗粒粗大，具伟晶结构，但岩脉内粒度不均匀，有些地方较细，局部又突然变粗。常见文象结构、晶洞、晶线构造。

　　本露头可见基性岩墙（图 1-1-7），这些基性岩墙走向北东，宽度小于 1m，岩石为辉绿岩。

　　本露头还可见英云闪长质片麻岩（图 1-1-8、图 1-1-9），英云闪长质片麻岩基质中见部分熔融形成的奥长花岗质熔体。

图 1-1-7　花岗伟晶岩脉和未变质辉绿岩岩墙

左图为变质表壳岩混合岩化，局部见伟晶岩脉，不过不是原地的；
右图为一条北东向的宽 30 ～ 50 cm 的辉绿岩岩墙，未见该岩墙侵入到长城系地层中

图 1-1-8　露头点入口全貌

左侧为英云闪长质片麻岩，右侧为磁铁石英岩、酸性麻粒岩等；
右侧剖面即为图 1-1-1，视野正前方方向正北

图 1-1-9　英云闪长质片麻岩露头

英云闪长质片麻岩基质中见部分熔融形成的奥长花岗质熔体

◉ **点1-2　密云杂岩及其中的红眼圈麻粒岩（25亿年前的表壳岩系）**

位置：高岭镇白河涧村东北 X003 公路边，一段长度约为 200m 的连续露头（40°37.087′N；117°5.867′E）。

内容：华北克拉通基底片麻岩的组成，麻粒岩相变质作用。

讨论：基底片麻岩的鉴别，麻粒岩相变质作用对于地壳演化的意义，红眼圈结构与逆时针 P-T 轨迹。

在白河涧村东北的公路边，我们将考察太古宙片麻岩基底，即密云杂岩。

华北克拉通的变质变形基底，主要由太古宙片麻岩地体构成。密云杂岩是整体经历了麻粒岩相变质作用的片麻岩系，其中有复杂的岩性构成。宏观上或区域上，密云杂岩中，既有受到高级变质变形肢解了的密云群火山沉积系列的块体，包括麻粒岩相变质的超基性岩、基性岩、中酸性岩和条带状铁建造等，又有相对均匀的麻粒岩相的 TTG 片麻岩。白河涧村露头上，主体是典型的条带状片麻岩（图 1-2-1、图 1-2-2 和图 1-2-3），其中大部分是石榴黑云片麻岩，具有石榴子石＋黑云母＋斜长石＋钾长石＋石英的矿物组合。岩石表面显示浅色条带、暗色条带交替分布的现象，表明变质变形过程中，发生了物质迁移（混合岩化作用）。

图 1-2-1　显示条带状特征的石榴黑云片麻岩

注意区分浅色体、暗色体与铁矿采坑中岩石的区别，该处岩石的
片麻理、浅色条带、暗色条带呈现更强烈的变形特征

图 1-2-2　浅色条带暗色条带交错分布

石榴子石在某些区域富集

图 1-2-3 "红眼圈"麻粒岩

可以看到浅色条带和暗色条带中均含有石榴子石；注意观察不同区域石榴子石的特征

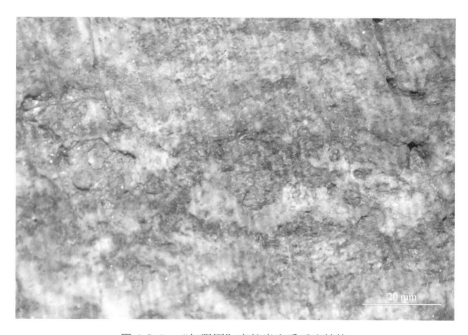

图 1-2-4 "红眼圈"麻粒岩变质反应结构

这个观察点，可以见到比较特征的"红眼圈"结构（图 1-2-4），这是变质岩在特定的地质过程中形成的一种具有特殊指示意义的反应结构。通常"红眼圈"是由淡红色的石榴子石组成，根据岩性的不同，红眼圈包裹的内圈物质可以呈现白色、灰白色、灰黑色等，指示不同的矿物组成，其中白色的一般以斜长石为主，灰白色的则以斜长石为主，含少量暗色矿物（黑云母、角闪石、单斜辉石或斜方辉石中的一种或者几种），灰黑色的则是暗色矿物含量更多，斜长石含量较少。这种特殊的反应结构，大都形成于具有逆时针 P-T 演化轨迹的高级变质岩中，晚期形成的石榴子石指示一种近等温升压的变质过程。红眼圈的变质反应结构，与另外一种特殊的"白眼圈"结构相对应，白眼圈结构多形成于顺时针 P-T 轨迹的构造背景下，指示近等温降压的变质反应过程。

◉ 点 1-3　混合岩化与麻粒岩（25 亿年前的下地壳）

位置：贾峪村（村中）（40°36.347′N；117°9.190′E）。

内容：混合岩化的特点。

讨论：混合岩化的意义，太古宙下地壳的特点。

在贾峪村中，路边，我们将考察混合岩化现象。混合岩化是介于变质作用和典型的岩浆作用之间的一种有不同性质流体参与的成岩作用。一般发生于区域麻粒岩相变质作用条件下，常被认为是下地壳常见现象，并且是花岗质岩石形成的主要机制（或称花岗岩化作用）。常见于太古宙高级区和出露的岛弧／造山带根部。混合岩化作用最为常见的方式是深熔作用，指区域变质作用基本没有外来物质参与的情况下，岩石发生低共熔组分出熔。这种作用也被称为超变质作用。另外，也可以通过外来物质（岩浆、流体等）或者交代作用形成混合岩。

图 1-3-1 是典型深熔作用形成混合岩化现象，显示深熔形成的长英质熔体"浅色体"以及深熔作用发生后，原变质岩残留部分"深色体"或"暗色体"，同时，还可能看到基本保留原变质岩组成的部分"中色体"。

图 1-3-1　典型混合岩化现象（一）

浅色部分为"浅色体"，为熔融形成的长英质熔体；中心深色部分为熔融残留——"深色体"，由角闪石、石榴子石等矿物组成；右下颜色稍浅，见片麻理的部分为"原生体"或者
"中色体"，是熔融较弱的部分，代表原始岩石

图 1-3-2 至图 1-3-5 则可以看到深熔作用形成的熔体聚集迁移，以脉体状穿插到原来的岩石中，甚至还可以看到熔体切割包裹原变质岩。

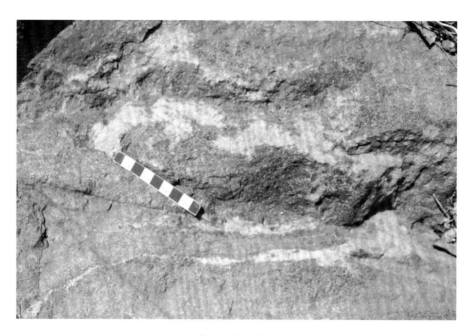

图 1-3-2　典型混合岩化现象（二）

可以看到熔体迁移的现象

图 1-3-3　准原地花岗质脉体（一）

深熔作用形成的熔体聚集迁移，以脉体状穿插到原来的岩石中

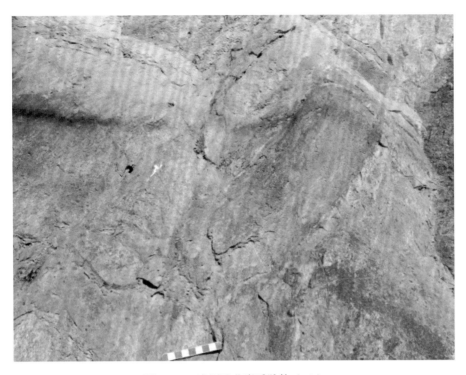

图 1-3-4 准原地花岗质脉体（二）

深熔作用形成的熔体聚集迁移，以脉体状穿插到原来的岩石中，
可以看到熔体切割包裹原来的岩石（暗色岩块）

图 1-3-5 高级变质的磁铁石英岩

可见混合岩化形成的细脉贯穿在磁铁石英岩中

◉ 点 1-4   密云杂岩及其与长城群的不整合（一步跨越 7.5 亿年）

位置：贾峪村（村口，东）（40°36.067′N；117°9.638′E）。

内容：长城群砾岩和砂岩，太古宙混合岩，不整合面，断层泥。

讨论：不整合的含义，长城群底界的含义。

本露头主要考察长城系砾岩和密云杂岩的不整合面（图 1-4-1、图 1-4-2）。值得注意的是，此处不整合面之间发生了错动，并形成断层泥和断层角砾岩（图 1-4-3）。

图 1-4-1   剖面全图（视野正前方为正西）

剖面展示了长城系和密云杂岩之间的不整合接触关系，剖面宽度约 50 m

图 1-4-2   剖面近景

本图为图 1-4-1 局部近景图，展示长城系和密云杂岩之间的不整合接触关系；不整合面之间发生了错动，并形成断层泥和断层角砾岩；上部为长城系砾岩和砂岩，中部破碎带（层滑带）为发育断层泥和断层角砾岩的长城系砾岩及密云杂岩，下部为密云杂岩

图 1-4-3 断层泥

根据保留下来的砾石能够判断原岩为长城系砾岩，胶结物已变成断层泥，断层活动时限不详

◉ **点 1-5 25 亿年钾质花岗岩及其与长城群的不整合（一步跨越 7.5 亿年）**

位置：高庄子村（北沟）（40°25.118′N；117°7.569′E）。

内容：长城群砂岩和含砾砂岩，钾质花岗岩，不整合面。

讨论：不整合的含义，不整合面之下为什么未见风化壳。

山沟西侧露头显示长城系与钾质花岗岩不整合关系（图 1-5-1）。不整合面之上为含砾砂岩，可见层理和交错层理（图 1-5-2），不整合面之下为钾质花岗岩，可见流动构造（图 1-5-3）。层面和不整合面平行，定向构造与不整合面方向相交。不过，不整合面之下未见典型的风化壳，不整合面之上也未见底砾岩。推测沿着不整合面发生过构造错动。钾质花岗岩的时代约 2500 Ma，代表克拉通稳定后地壳熔融形成的花岗岩，是克拉通化的标志。

山沟东侧为钾长石巨斑花岗岩岩床（岩枝）露头（图 1-5-4），侵入长城系底部地层。一些"斑晶"为球形，类似邻区 16.9 亿年的环斑花岗岩岩体，可能为其岩枝。

图 1-5-1 长城系常州沟组含砾砂岩与花岗岩之间的不整合接触面露头照片

箭头指示长城系砂岩与钾质花岗岩界面；左图视野正前方为正西，剖面宽度约 40 m

图 1-5-2　含砾砂岩与花岗岩的不整合

箭头指示长城系砂岩与钾质花岗岩界面

图 1-5-3　钾质花岗岩中的定向构造为近水平方向，与不整合接触面大角度相交

图 1-5-4　环斑花岗岩岩床

◉ 点 1-6　密云岩墙群（17.3 亿年，固结纪典型岩浆活动）及其与长城群的不整合

位置：贾峪村（西北）（40°36.666′N；117°9.120′E）。

内容：辉绿岩岩墙，底砾岩，风化壳，不整合。

讨论：岩墙群与裂谷演化的关系，岩墙群形成的构造背景。

密云基性岩墙群时代为约 1730 Ma，主要分布在华北中部和东部，如五台—恒山、密云和迁安—迁西等地区（图 1-1）。该岩墙群岩墙单体的宽度在 30～50 m（图 1-6-1），出露长度一般为数千米至数十千米。岩石为辉绿岩，主要矿物组成为单斜辉石和斜长石。在密云地区，岩墙走向为北东向（约 30°）。密云岩墙群为长城群不整合覆盖，二者界线处可见古风化壳和底砾岩（图 1-6-2）。该点岩墙宽度未见，但一直延续到桑园村附近，彼处宽度约为 40 m。岩墙发育柱状节理，可依据柱状节理判断走向（图 1-6-1）。岩墙与长城群不整合接触，不整合面凹凸不平，接触面之下为辉绿岩（岩墙）古风化壳（图 1-6-2）。不整合面被晚期左行走滑断层截切（图 1-6-3 和图 1-6-4）。图 1-6-5 显示岩墙新鲜样品，为辉绿岩，由单斜辉石和斜长石组成。该岩墙斜锆石 SIMS U-Pb 年龄约为 1730 Ma（图 1-6-6），指示长城系的沉积晚于 1730 Ma（彭澎等，2011）。密云岩墙群几何学特征与约 1780 Ma 太行岩墙群一致——其岩浆中心可能同样位于华北南缘，产出的应力场与燕辽裂谷系不匹配，这些可能说明岩墙群侵位的构造背景与燕辽裂谷系（长城群沉积为代表性地质记录）不一致（彭澎等，2011）。

图 1-6-1　剖面全景

剖面视角方向为北东方向，近处凸出的岩石为辉绿岩岩墙；
远处所示为不整合面；之间为古风化壳

图 1-6-2　不整合面近景

不整合面之上为底砾岩；之下为古风化壳，为风化了的辉绿岩（岩墙）；
接触面凹凸不平；图中箭头所示为不整合面

图 1-6-3 不整合面之上的左行走滑断层

剖面视角前方为北东方向，不整合面为一更晚的左行走滑错断；断层走向北西向

图 1-6-4 不整合面附近的左行走滑断层

不整合面为一更晚的左行走滑错断；断层走向北西向；请注意断层阶步

图 1-6-5 辉绿岩（岩墙）岩石放大照片

斜长石白色或略呈暗绿色，单斜辉石则略呈暗紫褐色

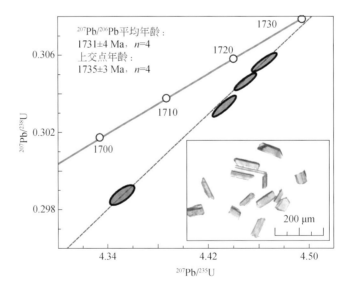

图 1-6-6 密云岩墙的斜锆石 SIMS U-Pb 年龄（彭澎等，2011）

插图为斜锆石透色光照片；斜锆石薄板状，浅黄褐色

野外可以讨论辉长岩与辉绿岩两种岩石类型的定义。

辉长岩：具中至粗粒辉长结构。主要矿物是基性斜长石和单斜辉石，可含少量的橄榄石、斜方辉石、棕色普通角闪石和黑云母或少量钾长石和石英，暗色矿物和浅色矿物含量相近，呈深灰色。通常为块状构造，可见条带状构造，韵律层构造。据斜方辉石和单斜辉石的相对含量可进一步分为辉长岩［单斜辉石（Cpx）＞斜方辉石（Opx）］、苏长岩（Cpx＜Opx）和辉长苏长岩（Cpx≈Opx）。当橄榄石或角闪石含量＞5% 时，可作为前缀参加定名。**辉长结构**：基性斜长石和辉石的自形程度相近，均呈现半自形－他形粒状；结晶作用基本上是在共结点处由辉石和斜长石同时结晶来完成的。

辉绿岩：为浅成相的基性侵入岩，可呈岩墙或岩床等产状产出，暗绿或黑绿色，具典型的辉绿结构，含斑晶时称辉绿玢岩。矿物成分与辉长岩相似。**辉绿结构**：杂乱分布的自形晶斜长石和他形辉石颗粒大小相差不多，自形晶斜长石之间形成近三角形空隙，充填单个的他形辉石颗粒。

◉ 点 1-7　沙厂环斑花岗岩杂岩体（16.9 亿年，固结纪典型岩浆活动）及其与长城群的关系

位置：沙厂村（西，村口）（40°23.112′N；117°1.089′E）。

内容：环斑花岗岩岩石学特点及成因。

讨论：环斑花岗岩形成的构造背景。

环斑花岗岩是花岗岩的结构构造变种。岩石具似斑状结构，钾长石大斑晶多呈眼球形、椭球形，外围有更长石（或中长石）的环边。基质主要由石英、钾长石、黑云母组成。多数更长环斑花岗岩侵位于元古宙，我国北京密云、河北赤城、辽宁坦城、江西乐平、陕西商县等地都有出露。

沙厂环斑花岗岩杂岩体（郁建华等，1996；杨进辉等，2005；Zhang et al.，2007）是一个出露约 20 km² 的侵入体（图 1-7-1 和图 1-7-2）。该岩体产于燕辽裂谷系中部，沿密云—墙子路—兴隆东西向断裂呈岩脊状（长宽比 6∶1）分布于断裂南侧。密云—兴隆断裂控制了两侧长城系千米以上沉积厚度差别，南部形成平谷－蓟县狭长沉降中心，并且限制大红峪组火山岩仅分布于南侧沉降中心。沙厂岩体正是位于东西向主断裂和北东向密云－古北口断裂（或水下隆起）交汇处。沙厂岩体侵位于太古宙片麻岩中，恢复至侵位时原始产状，岩体顶部至太古宙片麻岩与长城系不整合面不足千米，为浅成相侵入体。环斑花岗岩多次脉动侵位，发育大量脉岩，与围岩无混染边界。首次侵入为角闪黑云环斑花岗岩；第二次为黑云似斑状花岗岩，发育少量环斑结构；第三次为中粒－中细粒黑云母花岗岩、二云母花岗岩及浅色花岗岩小岩枝，零星穿插。晚期还发育辉绿岩岩墙和火山角砾岩管。沙厂环斑花岗岩侵位于 1690～1680 Ma。

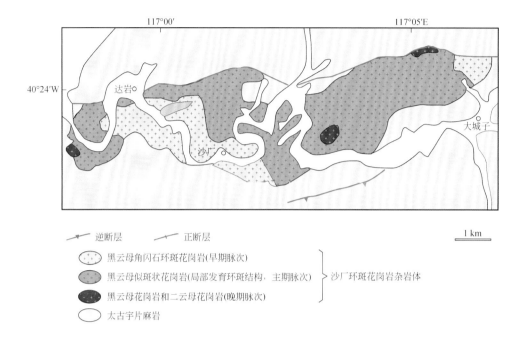

——▲— 逆断层   ——↓— 正断层   1 km
⬭ 黑云母角闪石环斑花岗岩(早期脉次)   ⎫
⬭ 黑云母似斑状花岗岩(局部发育环斑结构，主期脉次) ⎬ 沙厂环斑花岗岩杂岩体
⬭ 黑云母花岗岩和二云母花岗岩(晚期脉次)   ⎭
⬭ 太古宇片麻岩

图 1-7-1　沙厂环斑花岗岩杂岩体地质简图（据 Zhang et al.，2007 修改）

图 1-7-2　沙厂村西侧露头

视野正前方为北

本处露头为初次侵入的角闪石黑云母斜长环斑花岗岩。钾长石巨斑直径达十多厘米，自形－球形，风化呈浅肉红色（图 1-7-3）。大部分巨斑钾长石边缘及基质中均发

育斜长石（钠长石 - 更长石，风化呈淡黄色 - 淡褐色），基质中可见石英（透明矿物）以及黑云母和角闪石（图 1-7-4）。钾长石斑晶见环带结构，核部多见角闪石和黑云母，幔部较"干净"，边部发育不完全的钠长石 - 更长石环边（图 1-7-4、图 1-7-5）。请对比芬兰和俄罗斯交界处的 Wiborg 岩体典型环斑花岗岩（Sharkov，2010）。

图 1-7-3　环斑花岗岩露头照片

图中近球形的巨斑矿物为钾长石，直径达十多厘米

图 1-7-4　岩石近距离照片

显示巨斑钾长石（风化呈浅肉红色）边缘及岩石基质中均发育斜长石（钠长石 - 更长石，风化呈淡黄色 - 淡褐色）；基质中可见石英（透明矿物）以及黑云母和角闪石；钾长石巨斑中心部位可见暗色矿物包体

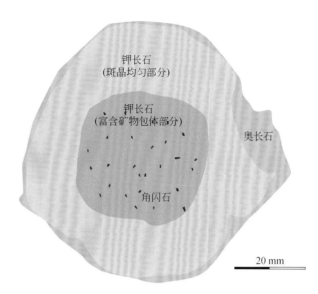

图 1-7-5　典型钾长石斑晶的结构示意

◉ **点 1-8　克拉通一直稳定吗——侏罗系与长城群的不整合（一步跨越 16 亿年）**

位置：贾峪村（北沟）（40°36.756′N；117°9.160′E）。

内容：砂岩，角砾岩，火山岩，不整合。

讨论：克拉通一直稳定吗？为什么失稳？侏罗系地层和长城群之间不整合的含义。

点 1-6 往东约 100 m，可见中侏罗统九龙山组（约 160 ~ 150 Ma）地层不整合于长城系地层之上（图 1-8-1）。长城系下部沉积时代约 17.3 亿年，侏罗系沉积时代约 1.5 亿年，

图 1-8-1　古元古界常州沟组石英砂岩（右下角）与中侏罗统九龙山组紫红色砂砾岩（左上角）不整合接触关系（界面位于左上树根处）

之间的不整合时间跨度接近 16 亿年。由于不整合面破碎风化，露头并不清晰。

　　角度不整合的出现，说明存在构造运动，这种构造运动是否意味着本应长期稳定的克拉通失稳呢？为什么会出现角度不整合？

　　九龙山组在区域上厚度变化大（55 ～ 1500 m），本处出露较薄，主要岩性为灰绿色或紫红色砾岩、砂岩、凝灰岩夹灰褐色砾岩和砖红色泥岩等（图 1-8-2 至图 1-8-5），局部见安山集块岩、安山岩（图 1-8-6）。九龙山组内部可见小型走滑断层，并可见擦痕（图 1-8-7）。

图 1-8-2　九龙山组远景

剖面宽度约 30 m，视野正前方为北东方向

图 1-8-3　九龙山组凝灰质角砾岩

分选差，颗粒支撑，形成于山前冲积扇

图 1-8-4   九龙山组砖红色泥岩夹层

图 1-8-5   九龙山组凝灰质砾岩

图 1-8-6 九龙山组气孔状安山岩

图 1-8-7 九龙山组内部发育的小型走滑断层，可见擦痕

◉ 点 1-9 克拉通一直稳定吗——四干顶岩体（暌违 15 亿年的花岗岩侵位）

位置：查子沟（40°26.755′N；117°3.846′E）。

内容：四干顶岩体过渡相石英二长岩，学习侵入岩的结构、构造确定和组成矿物识别，通过放大镜观察侵入岩的矿物组成，并进行岩石定名，了解暗色微粒包体成因。

位置（备用）：查子沟（40°27′48.70″N；117°4′27.82″E）。

内容（备用）：四干顶岩体中心相二长花岗岩（图 1-9-4），观察侵入岩结构、构造和矿物粒度，与过渡相石英二长岩（图 1-9-3）进行对比，并进行岩石定名。

讨论：克拉通一直稳定吗？为什么失稳？大面积复式岩体侵位的含义。

　　四干顶岩体位于密云县东北部，密云水库的东侧，侵位于太古宇密云杂岩和中元古界长城系地层中。岩体东南部与蓟县系高于庄组碳酸盐地层接触发生矽卡岩化、蛇纹石大理岩化。四干顶岩体为一个椭圆形岩体，长轴方向为北东向，长约 11 km，短轴方向宽约 6 km，出露面积约 45 km²（图 1-9-1 和图 1-9-2）。该岩体被后期北北东向左行断裂从中间穿切，但是整体上该岩体未发育明显的构造变形。四干顶岩体发育近同心环状岩相分带，从外到里分为石英闪长岩－石英二长闪长岩－石英二长岩－二长花岗岩等，在岩体东部还发育花岗斑岩小岩枝。此外，该岩体局部可以发现暗色微粒包体发育。四干顶岩体中最早期侵位的为石英闪长岩，由于石英二长岩后期侵位的破坏和蚕食，仅在岩体局部和岩体西南部残留部分石英闪长岩。岩体的主体部分为石英二长岩（图 1-9-3），但是向外部边缘过渡为斑状－似斑状石英二长闪长岩，常发育斑杂状构造；石英二长岩向岩体中心过渡为中心相二长花岗岩（北京市地质矿产局，1991）。岩体不同相带间在结构和构造上均为渐变过渡关系，从边缘相的斑状结构、斑杂状构造，过渡为中间的似斑状结构、块状构造，到中心相为等粒结构、块状构造。从边缘相到中心相，岩石中石英（14.4% → 15.3% → 22.9 %）和钾长石（21.1% → 29.1% → 35.2 %）含量逐渐升高，斜长石含量（48.5% → 46.4% → 32.0 %）逐渐降低；黑云母及角闪石等暗色矿物含量也从边缘相到中心相逐渐降低。

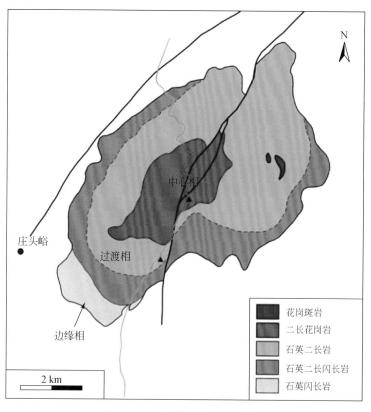

图 1-9-1　四干顶岩体地质简图

《北京市区域地质志》（北京市地质矿产局，1991）给出该岩体二长花岗岩锆石 U-Pb 年龄为 191.7 Ma，黑云母钾氩年龄为 176.5 Ma。之后，Deng 等（2004）获得了该岩体石英二长岩锆石 SHRIMP U-Pb 年龄 159.3 ± 1.9 Ma，但是没有给出具体的采样点位置。根据岩相分带和定年样品岩性描述，很可能采于岩体主体部分（过渡相）。张拴宏等（2007）提到该岩体外带的黑云母花岗岩锆石 SHRIMP U-Pb 年龄为 160 ± 4 Ma，但是也没有提供具体的样品点位置。此外，张拴宏等（2007）根据角闪石铝压力计得到该岩体中部含角闪石黑云母二长花岗岩侵位深度为 4.2 ～ 5.1 km，平均为 4.7 km，这明显小于密云水库西部的云蒙山岩体（6 ～ 7 km，张拴宏等，2007）。

稳定的克拉通在形成之后，一般岩浆作用不发育，尤其是大面积的花岗岩侵位并不常见。华北克拉通东部及北缘中生代发育大量岩浆岩；本区发育大量侏罗纪—白垩纪复式岩体。大量花岗岩的出现，代表了什么？是否说明克拉通失稳了？

图 1-9-2　四干顶岩体

左图为露头全貌（视野正前方为正南，剖面总宽度约 200 m）；右图为露头点远眺岩体中心四干顶，可见山顶球形风化（视野正前方为正西）

图 1-9-3　四干顶岩体过渡相石英二长岩

本露头主要观察四干顶岩体过渡相石英二长岩（右图）及其中暗色微粒包体（左图）

图 1-9-4　四干顶岩体中心相二长花岗岩

1.3　岩石的定义与命名

　　岩石是由矿物或类似矿物的物质（如有机质、玻璃、非晶质等）组成的固体集合体。多数岩石是由不同矿物组成的，单矿物的岩石相对较少。岩石，一般是指自然界产出的，人工合成的矿物集合体，如陶瓷等不称岩石。自然界的岩石可以划分为三大类：岩浆岩、沉积岩和变质岩。

　　岩浆岩是由地幔或地壳的岩石经熔融或部分熔融的物质，也就是岩浆冷却固结形成的。岩浆是上地幔或地壳部分熔融的产物，成分以硅酸盐为主，含有挥发分，也可以含有少量固体物质，是高温黏稠的熔融体。岩浆固结的过程是从高温炽热的状态降温并伴有结晶作用的过程。岩浆形成后由于本身浮力和热动力作用会向上迁移，最终喷出地表形成的岩浆岩称为喷出或火山岩，未喷出地表的称为侵入岩。火山岩是直接喷出地表的岩浆岩，侵位深度为零。未喷出地表的岩浆岩根据侵入体的定位深度，将侵入体分为浅成相（0～3 km）、中深成相（3～10 km）和深成相（＞10 km）。

　　沉积岩形成于地表条件下，它由以下三种作用形成：化学及生物化学溶液及胶体的沉淀而成；先存的岩石经剥蚀及机械破碎形成岩石碎屑、矿物碎屑或生物碎屑再经过水、风或冰川的搬运作用，最后发生沉积、成岩作用而形成；上述两种作用的综合产物。

变质岩是由火成岩及沉积岩经过变质作用形成的。它们的矿物成分及结构构造都因为温度和压力的改变以及应力的作用而发生变化，但它们并未经过熔融的过程，主要是在固体状态下发生的。变质岩形成的温、压条件介于地表的沉积作用及岩石的熔融作用之间。

岩浆岩的结构是指组成岩石的矿物的结晶程度、颗粒大小、晶体形态、自形程度和矿物之间（包括玻璃）的相互关系。结晶程度是指岩石中结晶质部分和非晶质部分（玻璃）之间的比例。岩石全部由已结晶的矿物组成时，称为全晶质结构；全部由未结晶的火玻璃组成，称为玻璃质结构；介于二者之间，则称为半晶质结构。据组成岩石颗粒的绝对大小首先可区分出显晶质结构和隐晶质结构两大类。显晶质结构是指肉眼观察时，基本上能分辨出矿物颗粒者。显晶质结构又进一步据矿物颗粒的粒径大小分为以下粒级：巨晶和 / 或伟晶（粒径 > 1 cm）、粗粒结构（粒径 5 ～ 10 mm）、中粒结构（粒径 2 ～ 5 mm）、细粒结构（粒径 0.2 ～ 2 mm）和微粒结构（粒径 < 0.2 mm）。据矿物颗粒的相对大小，还可分为等粒结构、不等粒结构、斑状结构和似斑状结构四种。自形程度是指组成岩石的矿物的形态特点。它主要取决于矿物的结晶习性、岩浆结晶的物理化学条件、结晶的时间及空间状态等。据岩石中矿物自形程度可以分为三种不同的结构：自形粒状结构、他形粒状结构、半自形粒状结构。包括矿物之间的相互关系和矿物及隐晶质之间的相互关系，亦与岩浆的结晶环境及岩石组成有关。常见的有关结构包括交生结构、反应边结构、环带结构、包含结构、填隙结构等。

岩浆岩的构造是指岩石中不同矿物集合体之间或矿物集合体与其他组成部分之间的排列、充填方式等。岩浆岩构造亦受多方面因素的影响，不仅与岩浆结晶时的物化环境有关，还与岩浆的侵位机制、侵位时的构造应力状态及岩浆冷凝时是否仍在流动等因素有关。常见构造如块状构造、层状构造或带状构造、斑杂构造、面理和线理构造、球状构造、气孔构造、杏仁构造、流动构造、柱状节理构造、枕状构造等。

岩石的分类和命名，是一个复杂的知识体系。相关分类可参阅路凤香和桑隆康（2001）。

岩浆岩的命名，能够识别矿物的，按照石英－碱性长石－斜长石－似长石（QAPF）图解命名；不能识别实际矿物的，可以按照化学成分或者根据化学成分计算的标准矿物，再依据化学成分分类或者依据 QAPF 图命名（图 1-3）。

变质岩的命名，除了要根据实际矿物，还要根据岩石结构构造命名。岩石的构造特征作为基本名称，如板岩、千枚岩、片岩、片麻岩和麻粒岩等，加上特征矿物命名。如黑云斜长角闪片麻岩（片麻岩以长石石英作为片麻理，因此长石石英不参与命名）。对于能够判断原岩成分的变质岩，可以在原岩前加"变"字命名。如变辉长岩、变泥质岩等。能够判别变质相的，也可以根据变质相命名（图 1-4），如蓝片岩、绿片岩、榴辉岩等；有时还可以加上特征矿物，如柯石英榴辉岩。

　　沉积岩（包括火山碎屑岩）的命名更为复杂，需要熟悉砾岩、砂岩、页岩、白云岩等基本类型。

　　一些特殊岩类，由于历史原因，或者由于其独有的重要性，有单独的名字，如紫苏花岗岩、灰色片麻岩、科马提岩、辉绿岩等。

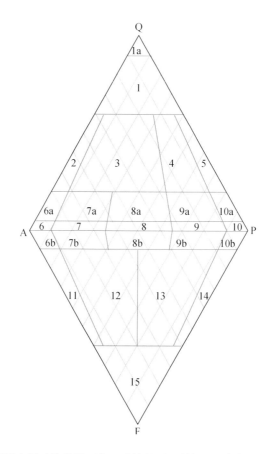

图 1-3　岩浆岩实际矿物分类石英 - 碱性长石 - 斜长石 - 似长石（QAPF）图解

图中 Q 为石英，A 为碱性长石，P 为斜长石，F 为似长石。能够看见实际矿物且暗色矿物含量（M 值）小于 90% 的岩浆岩，应该采用此图确定基本名称。岩石中暗色矿物含量很少，可以"浅色"作定名前缀，如浅色花岗岩；若暗色矿物含量高，可加"暗色"作前缀，如暗色辉长岩。岩石中的暗色矿物亦应作为前缀参加定名，如黑云花岗岩，橄（橄榄石）紫（紫色辉石）辉长岩等。在富斜长石的几个分区内，均有两个以上可选岩石名称，最终定名还需考虑斜长石的牌号和镁铁矿物的含量和种类。其中辉长岩与闪长岩的区别为前者斜长石的 An > 50%，且色率大于 40%，而后者的 An < 50%，色率一般小于 40%。斜长岩是指斜长石含量大于 90% 的岩石。基性侵入岩（辉长岩）应据其中的暗色矿物种类及含量进一步分类，而不能继续根据本图划分

1. 石英岩；1a. 富石英花岗岩；2. 碱长花岗岩；3. 花岗岩；4. 花岗闪长岩；5. 石英闪长岩（斜长花岗岩、奥长花岗岩）；6. 碱长正长岩；6a. 石英碱性正长岩；6b. 含似长石碱长正长岩；7. 正长岩；7a. 石英正长岩；7b. 含似长石正长岩；8. 二长岩；8a. 石英二长岩；8b. 含似长石二长岩；9. 二长闪长岩 / 二长辉长岩；9a. 石英二长闪长岩 / 石英二长辉长岩；9b. 含似长石二长闪长岩 / 含似长石二长辉长岩；10. 闪长岩 / 辉长岩 / 斜长岩；10a. 石英闪长岩 / 石英辉长岩 / 石英斜长岩；10b. 含似长石闪长岩 / 含似长石辉长岩 / 含似长石斜长岩；11. 似长正长岩；12. 似长二长正长岩 / 似长斜长正长岩；13. 似长二长闪长岩 / 似长二长辉长岩；14. 似长闪长岩 / 似长辉长岩；15. 似长岩

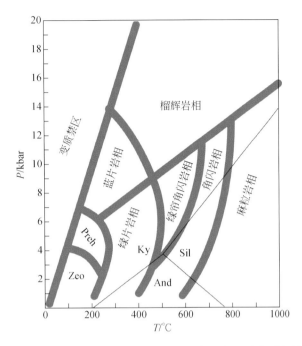

图 1-4　变质作用温度（T，℃）压力（P，kbar）区间以及变质相的划分图解

Zeo—沸石相；Preh—葡萄石 - 绿纤石相；And—红柱石；Ky—蓝晶石；Sil—夕线石

参 考 文 献

北京市地质矿产局 . 1991. 北京市区域地质志 . 北京：地质出版社 .

贺高品，叶慧文，夏胜利 . 1994. 北京密云麻粒岩相区变质作用演化及 PTt 轨迹的研究 . 岩石学报，10（1）：14-26.

路凤香，桑隆康 . 2001. 岩石学 . 北京：地质出版社 .

彭澎 . 2016. 华北陆块前寒武纪岩墙群及相关岩浆岩地质图（1：250 万地质图及说明书）. 北京：科学出版社：1-90.

彭澎，刘富，翟明国，等 . 2011. 密云岩墙群的时代及其对长城系底界年龄的制约 . 科学通报，56（35）：2975-2980.

吴福元，徐义刚，高山，等 . 2008. 华北岩石圈减薄与克拉通破坏研究的主要学术争论 . 岩石学报，24：1145-1174.

杨进辉，吴福元，柳小明，等 . 2005. 北京密云环斑花岗岩锆石 U-Pb 年龄和 Hf 同位素及其地质意义 . 岩石学报，21（6）：1633-1644.

郁建华，付会芹，张风兰，等 . 1996. 华北地台北部非造山环斑花岗岩及有关岩石 . 北京：中国科学技术出版社 .

张拴宏，赵越，刘健，等 . 2007. 华北地块北缘晚古生代—中生代花岗岩体侵位深度及其构造意义 . 岩石学报，23（3）：625-638.

Abbott D H, Isley A E. 2002. The intensity, occurrence, and duration of superplume events and eras over geological time. Journal of Geodynamics, 34: 265-307.

Deng J, Su S, Mo X, et al. 2004. The sequence of magmatic-tectonic events and orogenic processes of the Yanshan Belt, North China. Acta Geologica Sinica, 78(1): 260-266.

Ernst R E, Grosfils E B, Mege D. 2001. Giant dyke swarms: Earth, Venus, and Mars. Annual Review of Earth and Planetary Sciences, 29: 489-534.

Haapala I, Rämö O T. 1999. Rapakivi granites and related rocks: an introduction. Precambrian Research, 95(1-2): 1-7.

Lin S F, Beakhouse G P. 2013. Synchronous vertical and horizontal tectonism at late stages of Archean cratonization and genesis of Hemlo gold deposit, Superior craton, Ontario, Canada. Geology, 41(3): 359-362.

Peng P, Qin Z Y, Sun F B, et al. 2019. Nature of charnockite and Closepet granite in the Dharwar Craton: Implications for the architecture of the Archean crust. Precambrian Research, 334: 105478.

Sharkov E V. 2010. Middle-proterozoicanorthosite-rapakivi granite complexes: An example of within-plate magmatism in abnormally thick crust: Evidence from the East European Craton. Precambrian Research, 183: 689-700.

Shi Y R, Wilde S A, Zhao X T, et al. 2012. Late Neoarchean magmatic and subsequent metamorphic events in the northern North China Craton: SHRIMP zircon dating and Hf isotopes of Archean rocks from Yunmengshan Geopark, Miyun, Beijing. Gondwana Research, 21: 785-800.

Windley B F. 1995. The Evolving Continents. New York: John Wiley & Sons, 544.

Xu Y G. 2001. Thermo-tectonic destruction of the Archean lithospheric keel beneath the Sino-Korean craton in China: evidence, timing and mechanism. Physics and Chemistry of the Earth, 26: 747-757.

Zhang S H, Liu S W, Zhao Y, et al. 2007. The 1.75–1.68 Ga anorthosite mangerite-alkali granitoid-rapakivi granite suite from the northern North China Craton: Magmatism related to a Paleoproterozoic orogen. Precambrian Research, 155: 287-312.

Zhu R X, Yang J H, Wu F Y. 2012. Timing of destruction of the North China Craton. Lithos, 149: 51-60.

第2章 华北克拉通盖层沉积记录——密云中－新元古界与地球环境演化

2.1 背景知识

元古宙中期（约 1.8 ～ 0.8 Ga），相对于元古宙早期（约 2.5 ～ 1.8 Ga）和元古宙晚期（约 0.8 ～ 0.54 Ga），在地球表层环境、生物演化、岩石圈方面呈现较好的稳定性（图 2-1，图 2-2），常被称为"无聊的十亿年"（"Boring Billion"）、"地球中年期"或"地球中世纪"（"Earth's Middle Age"）等（Cawood and Hawkesworth，2014）。该时期处于地球历史上最显著的两次大氧化事件，即古元古代大氧化事件（Great Oxidation Event，GOE）（Holland，2002）和新元古代大氧化事件（Neoproterozoic Oxygenation Event，NOE）（Och and Shields，2012）之间，大气氧气含量总体较低，可能在 0.1% ～ 1% PAL（present atmosphere level）（Lyons et al.，2014）和 1% ～ 4% PAL 之间动态波动（Zhang et al.，2016）。海洋氧化还原环境呈现空间非均一性特征，总体上浅表层水体处于低氧状态，中－深层水体处于持续缺氧铁化、局部缺氧硫化状态（Poulton and Canfield，2011）。同时，海洋硫酸盐（Fakhraee et al.，2019；Luo et al.，2015b）、磷酸盐和生命微量营养元素含量较低（Anbar，2008；Anbar and Knoll，2002；Planavsky et al.，2010），C-S-Sr 同位素值总体较稳定（Chu et al.，2007；Guo et al.，2015，2013）。中元古代生物演化未见发生重大变革，生物圈以蓝细菌、硫细菌、疑源类和真核藻类等简单菌藻生物为主（Javaux and Lepot，2018），真核生物演化总体缓慢（Knoll et al.，2006；Planavsky et al.，2014），短时有所加速（如 Zhu et al.，2016）。另外，元古宙中期（约 1.8 ～ 0.8 Ga）缺乏全球性造山运动，罕见冰碛岩、磷块岩、蒸发岩、沉积型锰矿和铜矿、铁建造（iron formations）等地质记录，少量发育被动大陆边缘、造山带型金矿及火山岩型块状硫化物矿床（VMS）等地质特征，但较发育斜长岩（图 2-3），具有鲜明的时代特色（Bradley，2011；Cawood and Hawkesworth，2014）。其间，努纳（Nuna）［或哥伦比亚（Columbia）］超大陆（约 2.1 ～ 1.3 Ga）和罗迪尼亚（Rodinia）超大陆（约 1.3 ～ 0.75 Ga）不断演化，可能形成了一个相对稳定的大陆格局和构造环境，被认为是该时期地球表层圈层稳定性的重要控制因素。同时，这两个超大陆的聚散离合对华北、扬子和塔里木三大克拉通的基底拼合与裂解产生了重要影响，导致在克拉通边缘和内部形成了规模巨大的中－新元古代裂谷系和裂陷槽（赵文智等，2019）。

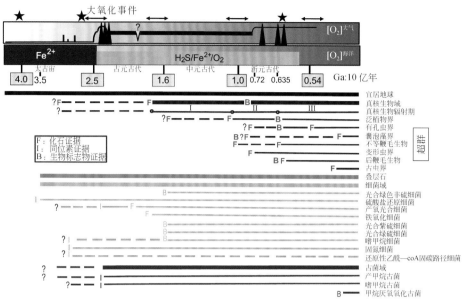

图 2-1 地质历史时期大气－海洋环境及生物圈（真核生物、细菌和古菌）演化概况

（据 Javaux and Lepot，2018 修改）

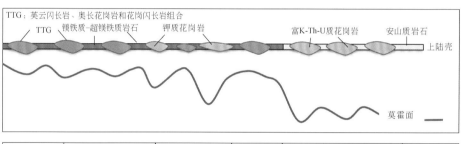

年龄/Ma	3500~2700	2700~2200	2200~1850	1850~800 无聊的十亿年	800~500
上地壳 主要成分	TTG－镁铁质－超镁铁质	TTG－KTHUG②－ 镁铁质－长英质	TTG－镁铁质	KTHUG-沉积岩	混合型
重大地幔柱事件: 大火成岩省①					
海水微量元素	Co, Ni, Cu, As, Cr, Hg, Au	Zn, Mn, Se, Co, Ni, Cu, As, Au	Cu, Zn, Se, Mn, As, Au	Zn, Co, Mn, Tl, Th, U, Mo, REE	Cu, Ni, Mn, Mo, Se, Ag, Zn, Mo, Ba, U
海水主量元素	Ca, Mg, Fe, Na, P	K, (Fe)	Ca, Mg, Fe, Na, P	K, P	Ca, Mg, Fe, Na, K, P
大气成分	N_2、NH_3、CH_4 含量较高，CO_2含量低	CO_2含量增加， CH_4含量减少， 约24.5亿O_2 含量剧增(GOE)	大氧化事件 之后O_2含量 有所增加， CO_2和CH_4 含量较低	O_2含量持续较低，约14亿年 时有所增加，CO_2含量持续 相对增加	从约5.6亿年 至寒武纪生 命大爆发时 段O_2含量不 断增加

①A型大火成岩省：重大地幔柱事件的证据（Ernst and Buchan, 2001）
②KTHUG：富K-Th-U质花岗岩

图 2-2 约 35 亿年至 5 亿年期间地球上地壳及大气－海洋化学组成特征与演化（据 Large et al.，2018 修改）

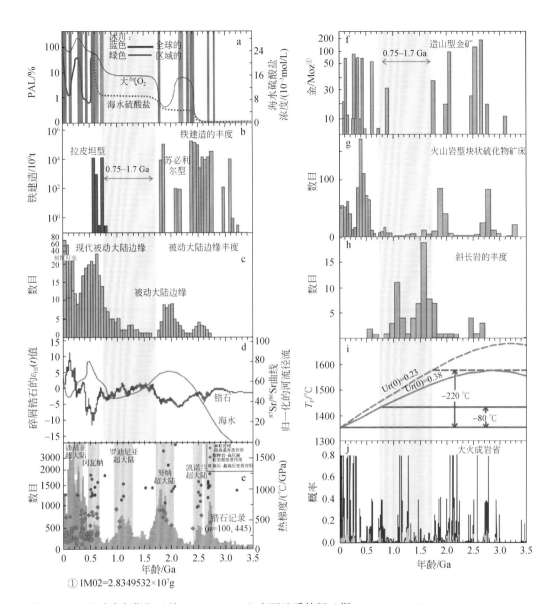

图 2-3　"地球中年期"（约 1.8 ～ 0.8 Ga）主要地质特征（据 Cawood and Hawkesworth，2014；
Prokoph et al. 2004；赵太平等，2019 修改）

　　华北克拉通结晶基底经"吕梁运动"（也称"滹沱运动"或"中条运动"）构造 - 热事件之后，于约 1.8 Ga 最终固结成型。此后，华北克拉通进入长达约 10 亿年的地台演化阶段。其间，华北克拉通发生了一系列伸展和裂解事件（Zhai et al.，2015；翟明国等，2014；赵太平等，2015；钟焱等，2019），先后发育南缘的熊耳裂谷盆地（约 1.80 Ga）、中北部的燕辽裂谷盆地与北缘的渣尔泰 - 白云鄂博裂谷盆地（约 1.70 Ga）、东南缘的徐淮裂谷盆地（约 1.0 Ga），并形成以长城系 - 蓟县系 - 青白口系为代表的稳定沉积盖层（图 1-1）。同时，华北克拉通发育四期区域性的岩浆事件（Peng，2015；Zhai et al.，2015；翟明国等，2014）：1.78 Ga 的大火成岩省事件，包括熊耳裂谷火山岩系、太行 - 吕梁基性岩墙群等；

1.72 ～ 1.62 Ga 的非造山岩浆活动，包括大庙岩体型斜长杂岩体、密云环斑花岗岩、长城系大红峪组火山岩等；约 1.32 Ga 的大火成岩省事件，包括侵入下马岭组的基性岩席群等；约 0.90 Ga 的大火成岩省事件，包括大石沟基性岩墙群、徐淮基性岩席群等（图 1-1）。

国际年代地层		中国年代地层		岩石地层	年龄数据及参考文献	厚度/m	岩性描述
IUGS2016—GTS2012 t/Ma		传统	新近厘定	燕山			
古生界 寒武系	541	古生界 寒武系	寒武系	昌平组		52.18	深灰色豹斑状灰岩、泥质条带灰岩
新元古界 埃迪卡拉系	635	新元古界 震旦系	埃迪卡拉系				
成冰系	720		南华系				
拉伸系	1000	青白口系	青白口系	景儿峪组 ???	<800?	76.6	浅灰色泥质条带灰岩、杂色钙质泥岩
				长龙山组 ???	<1000?	121.5	下部浅灰色石英砂岩、上部杂色页岩
中元古界 狭带系	1200	中元古界 蓟县系	中元古界 待建系				上部为灰绿-深灰色页砂或钙质页岩，中部为灰黑色粉砂质泥质页岩夹硅质岩，下部深灰-浅绿色粉砂质页岩及泥页岩
延展系	1400		蓟县系	下马岭组	1366±9[1] 1379±12[2] 1384.4±1.4[3] 1392.2±1.0[3] 1400?	343.9	上部灰质白云岩、叠层石白云岩；下部(含锰)白云岩夹泥页岩
				铁岭组	1437±21[4] 1450?	212.6	深灰色页岩、粉砂质泥页岩夹白云岩 / 上部浅灰色硅质条带白云岩、泥晶白云岩、纹层状白云岩；中部浅灰色泥质白云岩、纹层状白云岩、叠层石白云岩、鲕粒白云岩
盖层系		长城系	长城系	洪水庄组	1470?	100.9	下部黑色、灰黑色泥质泥晶白云岩、藻团白云岩、叠层石白云岩、燧石条带白云岩、密纹层状沥青质白云岩
	1600			雾迷山组	1483±12[5] 1487±16[5] 1520?	2230.2	石英砂岩、紫红-浅灰色泥晶白云岩
				杨庄组	1540?	64.02	上部浅灰色叠层石白云岩、燧石条带白云岩
				高于庄组	1577±12[6] 1600?	1004.9	中部灰色泥质白云岩、白云质灰岩；下部灰岩、灰色、紫红含锰白云岩、燧石条带白云岩
古元古界 固结系				大红峪组	1622±23[7] 1625±6[8] 1626±9[9]	82	下部石英砂岩、上部白云岩
				团山子组	1637±15[10] 1640?	58.9	白云岩夹泥岩
				串岭沟组	1621[11] <1657.4[12]	46.8	深灰色粉砂质页岩、少量白云岩
	1800			常州沟组	>1716[13] <1682[14,15] <1670[16] <1731[17]	192.3	石英砂岩、长石石英砂岩夹粉砂岩

图例：灰岩　泥质白云岩　砂岩　砾岩　叠层石　灰质白云岩　燧石结核　燧石条带　豹斑状灰岩　白云岩　泥岩　火山岩　沥青质　白云质灰岩　粉砂质白云岩　页岩　粉砂质页岩

图 2-4　华北克拉通北缘中-新元古界地层划分方案及沉积特征（据 Li et al.，2013；Tang et al.，2016；北京市地质矿产局，1991；河北省地质矿产局，1989；苏文博，2016；天津市地质矿产局，1992 整理。其中年龄数据参考文献：[1]高林志等，2008a；[2]Su et al.，2008；[3]Zhang et al.，2015a；[4]苏文博等，2010；[5]李怀坤，2014；[6]田辉等，2015；[7]Lu et al.，2008；[8]陆松年和李惠民，1991；[9]高林志等，2008b；[10]张拴宏等，2013；[11]孙会一等，2013；[12]段超等，2014；[13]Zhang et al.，2015b；[14]和政军等，2011a；[15]和政军等，2011b；[16]李怀坤等，2011；[17]彭澎等，2011）

华北克拉通中 - 新元古界地层在华北地区发育较好，保存较完整，研究历史悠久，研究程度高。早在 1934 年，高振西等就对蓟县及兴隆一带的中 - 新元古界剖面进行了系统描述（Gao et al.，1934）。该地区中元古界可划分为长城系（常州沟组、串岭沟组、团山子组、大红峪组），蓟县系（高于庄组、杨庄组、雾迷山组、洪水庄组、铁岭组）和待建系（下马岭组）；新元古界可划分为青白口系（长龙山组、景儿峪组）（图 2-4）。因此，华北克拉通拥有中 - 新元古代（约 1780 ~ 850 Ma）多阶段沉积，中国学者开展各类研究具有得天独厚的优势。目前，国际上正在探索建立一个全新的全球前寒武纪年代划分方案，希望通过"全球性关键地史事件"划分前寒武纪年代单位，并将显生宙年代地层单位界线"金钉子"性质的工作引入前寒武纪年代单位的研究。加强华北中 - 新元古界地层系统的研究，积极参与"中元古界"内部"系"的厘定与划分工作，可为建立全球界线层型的"金钉子"创造有利条件（Li et al.，2013；苏文博，2016；赵太平等，2019）。

大地构造及盆地演化方面，部分研究者根据中 - 新元古界地层序列和时空分布特征，认为华北克拉通北缘依次经历了中元古代大陆裂谷盆地、被动大陆边缘（高于庄组、杨庄组、雾迷山组、洪水庄组和铁岭组）、活动大陆边缘（下马岭组）和陆块碰撞等四个阶段，以及新元古代大陆伸展断陷阶段（长龙山组和景儿峪组）（图 2-5、图 2-6）（Meng et al.，2011；孟庆仁等，2016；乔秀夫和高林志，2007；乔秀夫等，2007；乔秀夫和王彦斌，2014；曲永强等，2010）。另外，由于缺乏显著的块体拼合事件或相关的岩浆活动记录，部分研究者认为华北克拉通自古元古代末期至新元古代时期，处于"一拉到底"的多期裂谷过程（Zhai et al.，2015；翟明国等，2014；赵太平等，2019）。

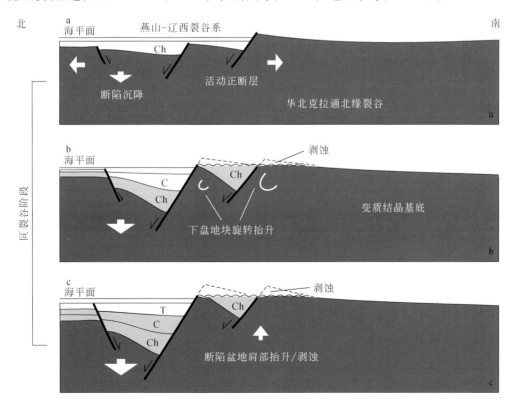

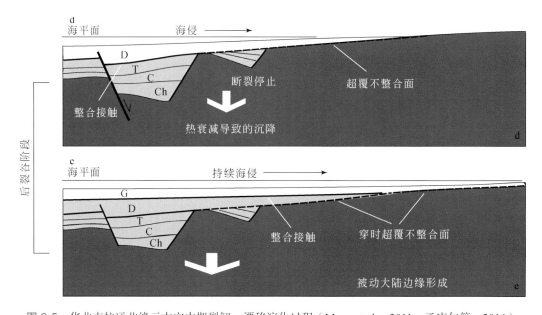

图 2-5　华北克拉通北缘元古宙中期裂解 – 漂移演化过程（Meng et al.，2011；孟庆仁等，2016）

a. 常州沟组为裂谷盆地发育初期的断陷沉积；b. 串岭沟组为快速沉降时期的深水沉积，裂谷肩部发生抬升和剥蚀；c. 团山子组发育于裂谷后期阶段，盆地近源区继续抬升和剥蚀；d. 大红峪组为盆地坳陷、海平面上升时期的海侵沉积，其底部石英砂岩不整合沉积超覆于下伏地层之上；e. 高于庄组为持续海侵沉积，并向克拉通内部超覆，与下伏大红峪组形成穿时性海侵不整合面。Ch. 常州沟组；C. 串岭沟组；T. 团山子组；D. 大红峪组；G. 高于庄组

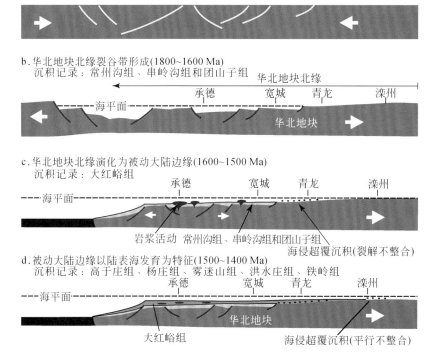

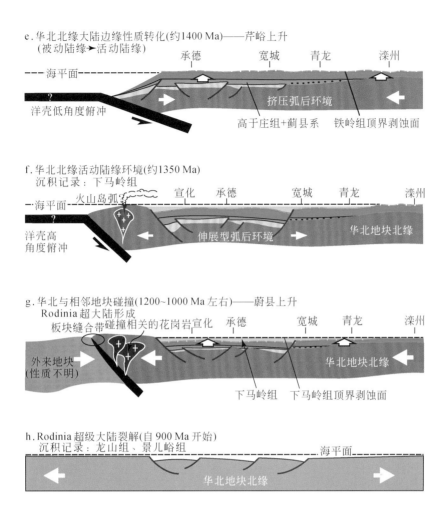

e. 华北北缘大陆边缘性质转化(约1400 Ma)——芹峪上升
　(被动陆缘➤活动陆缘)
　　海平面
　　?
　洋壳低角度俯冲

f. 华北北缘活动陆缘环境(约1350 Ma)
　沉积记录：下马岭组
　火山岛弧
　　海平面
　　?
　洋壳高
　角度俯冲

g. 华北与相邻地块碰撞(1200~1000 Ma 左右)——蔚县上升
　Rodinia 超大陆形成
　板块缝合带碰撞相关的花岗岩宣化
　外来地块
　(性质不明)

h. Rodinia 超级大陆裂解(自 900 Ma 开始)
　沉积记录：龙山组、景儿峪组
　　海平面
　华北地块北缘

图 2-6　华北克拉通北缘中－新元古代构造演化示意图（曲永强等，2010）

　　近年来，研究者在华北地区中－新元古界生物地层、年代地层、化学地层、层序与旋回地层、岩浆作用、盆地演化等方面开展了大量研究工作，并在地层年代格架、大气－海洋环境与生物演化、沉积环境与演化、微生物岩、黑色岩系、特征沉积记录等方面取得了重要研究进展，为认识该时期地球表层圈层相互作用做出了重要贡献。目前，中－新元古代地球表层圈层演化及其相互作用，已日益成为研究热点，充满机会与挑战。

　　此次野外地质实习，我们将对密云区大城子镇大龙门村（图 2-7）和西田各庄镇太子务村（图 2-8）附近的中－新元古界及下寒武统沉积地层进行考察，认知华北克拉通稳定后的盖层沉积序列、岩性特征和环境演化，学习沉积岩石学与地层学的基本研究方法，了解相关研究进展，探讨其中的科学问题。

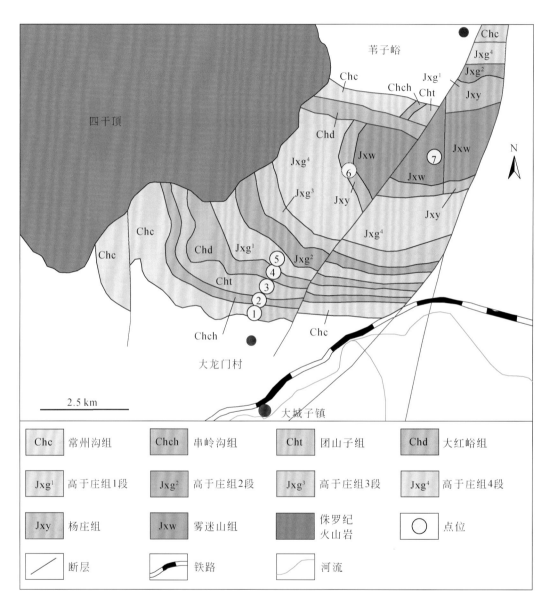

图 2-7　密云区大城子镇大龙门村附近中－新元古界地质简图及观察点位

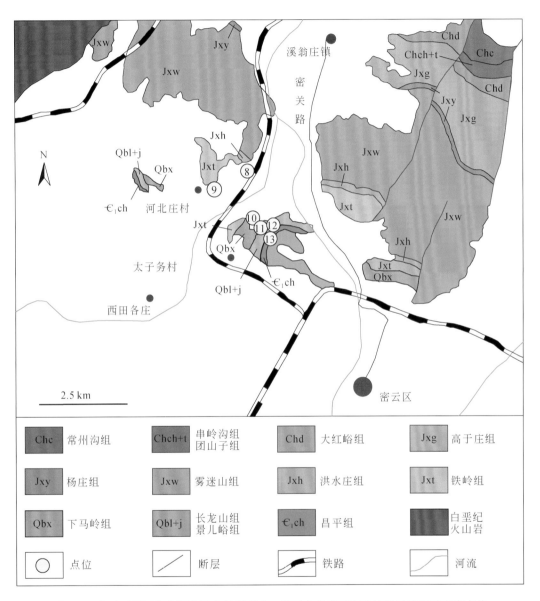

图 2-8　密云区西田各庄镇太子务村附近中 - 新元古界及下寒武统地质简图及观察点位

2.2　实习点介绍

◉ 点 2-1　长城系，常州沟组

位置：大龙门村北龙泉谷（40°25.130′N；117°6.258′E）。

目的：认识常州沟组岩石类型及沉积特征，了解相关研究进展。

密云—蓟县地区，长城系常州沟组可以划分为四段：一段为粗砾岩与紫灰色中粗粒长石石英砂岩；二段为紫灰色含细砾长石石英砂岩；三段为石英长石砂岩与泥质粉砂岩；四段为浅灰色-灰白色石英砂岩。

在此观察点，长城系常州沟组第一段为浅紫红色粗粒长石石英砂岩，其中可见交错层理（图 2-1-1a）、波痕（图 2-1-1b）及磨圆度较好的石英砾石（图 2-1-1c）（40°25.159′N；117°6.265′E）。常州沟组下部可见呈顺层侵入的灰色细晶岩岩床（40°25.159′N；117°6.265′E），与石英砂岩围岩为侵入接触关系，具有冷凝边。地层里的侵入岩，一定程度可用于间接约束沉积地层年龄，具有研究意义。常州沟组第二段主要为中厚层状灰白色石英砂岩，向上过渡为第三段薄至中层状砂岩-粉砂岩（图 2-1-1d）（40°25.280′N；117°6.395′E），可见典型的微生物诱导成因沉积构造（microbially induced sedimentary structures，MISS）（图 2-1-2）。微生物诱导成因沉积构造是指微生物（细菌、真菌、古菌和藻类等）和沉积物相互作用下，经物理营力改造（冲蚀、沉积和搬运等）而形成

图 2-1-1　常州沟组沉积特征

该组第一段长石石英砂岩发育 a. 交错层理；b. 波痕；c. 磨圆度较好的石英砾石；第三段发育
d. 中厚层状灰白色石英砂岩与薄至中层状泥质粉砂岩组合

的原生沉积构造。目前，MISS 已划分出 17 种主要类型，包括皱饰构造、微生物席碎片、多向波纹、多边形裂纹等，其中前两种类型在地质记录里最为常见。由于可证明存在微生物的作用，MISS 的识别和研究对于早期地球生命演化，以及地外生命探测具有重要参考意义。目前，MISS 报道的最早层位为约 3.5 Ga 的太古宙沉积岩，另外火星表面岩石里也发现类似形貌（Noffke，2015）。研究者针对常州沟组沉积年代（和政军等，2011a；和政军等，2011b；李怀坤等，2011；彭澎等，2011）、碎屑锆石（Ying et al.，2011）、古生物化石（Lamb et al.，2009；Lamb et al.，2007；Zhu et al.，2000）等方面开展了一系列研究，我们将了解和学习相关进展。同时，该组的沉积时代、物源、环境及演化等方面，值得进一步思考与关注。

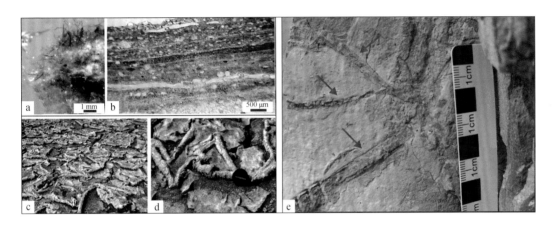

图 2-1-2　微生物作用与沉积特征

a ~ d. 现今微生物诱导沉积特征（据 Gerdes，2007 修改）；e. 常州沟组第三段里的微生物诱导成因沉积构造，箭头指示受微生物活动改造、再沉积的砂质碎片

◉ 点 2-2　长城系，串岭沟组

　　位置：大龙门村北龙泉谷（40°25.409′N；117°6.441′E）。

　　目的：认识串岭沟组典型岩石类型及沉积特征，了解相关研究进展。

　　河北—天津地区，串岭沟组下部为深灰色含黄铁矿页岩与泥质粉砂岩，中部为灰色粉砂岩夹含泥泥晶白云岩；上部为深灰色粉砂质页岩夹长石石英砂岩、含粉砂含泥泥晶白云岩。与下伏常州沟组为整合接触。

　　在此观察点，串岭沟组下部白云岩直接覆盖于常州沟组石英砂岩之上，两者可能为假整合接触关系（图 2-2-1a）。串岭沟组下部为中 - 厚层状白云岩，风化面呈土黄色，新鲜面呈灰 - 灰白色，可见大量柱状叠层石（图 2-2-1b）。串岭沟组上部为灰 - 深灰色薄层状粉砂岩和粉砂质泥岩（图 2-2-1c），向上转变为白云质泥岩（图 2-2-1d），风化后呈小块板片状。自常州沟组至串岭沟组上部，沉积岩石及特征呈现一定的变化，反映了沉积环境演化，值得思考。研究者围绕串岭沟组沉积年代（Zhang et al.，2015b；孙会一等，2013）、微生物成因沉积构造（Yang et al.，2017；史晓颖等，2008）、古海洋化学环境（Li et al.，2015；Planavsky et al.，2011）、沉积型铁矿（Lin et al.，2019）等方面开展了一系列研究，我们将了解和学习相关进展。

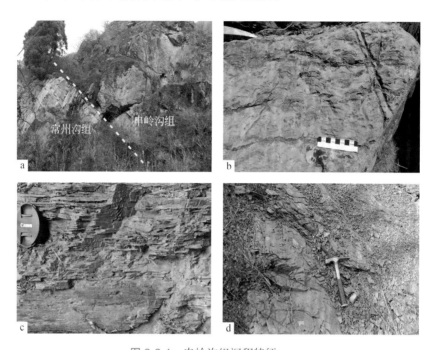

图 2-2-1   串岭沟组沉积特征

a. 该组底部白云岩与常州沟组石英砂岩的界线；b. 下部为含叠层石白云岩；c. 上部为灰色薄层状粉
砂质泥岩；d. 顶部为白云质泥岩

◉ 点 2-3   长城系，团山子组

位置：大龙门村北龙泉谷（40°25.469′N；117°6.430′E）。

目的：认识团山子组典型岩石类型及沉积特征，了解相关研究进展。

团山子组可分为两段：第一段为深紫色中厚层状泥质白云岩（含粉砂－泥质条带）及绿灰色泥晶白云岩，总体属于潟湖相沉积；第二段为灰色中厚层状泥晶白云岩夹深紫色泥质白云岩。团山子组中含有多细胞宏观藻类及微古植物。该组与下伏串岭沟组整合接触。

在此观察点，团山子组第一段为泥晶白云岩（图 2-3-1a），其中顺层产出灰绿－浅肉红色超浅成侵入岩（图 2-3-1b、图 2-3-1c），厚约 1m，含红褐色杏仁体，内部有方解石充填。地层里的岩浆岩和沉凝灰岩夹层是选取锆石进行定年的优选对象，一定程度上可用于约束沉积地层年龄。团山子组白云岩里可见泥裂沉积特征（图 2-3-1d、图 2-3-1e），反映了短期的暴露，可指示潮上带沉积环境。值得注意的是，泥裂与 MISS 有时具有一定形貌相似性，可结合常州沟组 MISS（图 2-1-2e）对比观察二者的异同。叠层石是重要的微生物碳酸盐岩，在前寒武纪广泛发育，历来广受关注。团山子组上段白云岩大量产出叠层石（40°25.525′N；117°6.433′E），纵切面呈丘柱状（图 2-3-2a），横切面呈椭圆状（图 2-3-2b），局部被硅化。丘柱状叠层石通常指示潮下带上部至潮间带下部沉积环境。此外，我们将追踪团山子组（白云岩）与上覆大红峪组（石英砂岩）的界线，强化对地层层组特征和接触关系的认识，锻炼地层研究野外工作技能。研究者围绕团山子组沉积年代（张拴宏等，2013）、古生物化石（Zhu and Chen，1995）等方面开展了一系列研究，我们将了解和学习相关进展。

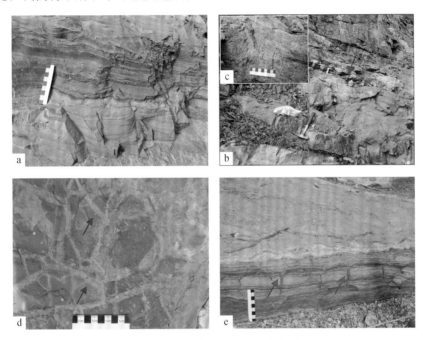

图 2-3-1　团山子组下部沉积特征

a. 浅紫灰至深灰紫色泥晶白云岩；b 和 c. 顺层产出的超浅成侵入岩；d. 泥裂横切面特征，
不规则网状分布；e. 泥裂纵切面特征，楔状向下收缩

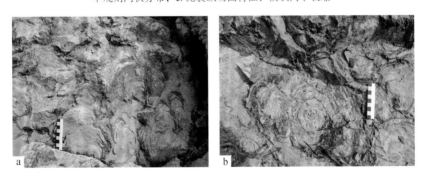

图 2-3-2　团山子组上部沉积特征

a. 含叠层石白云岩，叠层石纵切面上呈丘柱状，局部硅化（灰黑色）；b. 叠层石横切面，
呈同心圆环状，局部硅化

◎ 点 2-4　长城系，大红峪组

位置：大龙门村北龙泉谷（40°25.642′N；117°6.453′E）。

目的：认识大红峪组典型岩石类型及沉积特征，了解相关研究进展。

大红峪组通常可以分为两段：下段为石英砂岩与含粉砂泥晶白云岩，部分地区发育火山岩；上段以含燧石白云岩为主，夹硅质岩。该组与下伏团山子组为平行不整合接触。

在此观察点，大红峪组下段以石英砂岩（图2-4-1a）和白云岩为主，未见火山岩。同时，我们将追索大红峪组（硅质岩及硅化白云岩）与上覆高于庄组（巨厚层状石英砂岩）的界线（图2-4-1b），加强对"不整合接触"地质特征的认识，探讨该不整合面的地质意义。研究者围绕大红峪组沉积年代（高林志等，2008b；陆松年和李惠民，1991）、古生物化石（Shi et al.，2017a；Yun，1984）等方面开展了一系列研究，我们将了解和学习相关进展。

图 2-4-1　大红峪组沉积特征

a. 该组下部为灰白色石英砂岩；b. 该组顶部与高于庄组的界线

◉ 点 2-5　蓟县系，高于庄组

位置：大龙门村北龙泉谷（40°25.781′N；117°6.611′E）。

目的：认识高于庄组典型岩石类型及沉积特征，了解相关研究进展。

高于庄组以碳酸盐岩沉积为主，厚度较大，可分为四段：第一段底部为巨厚层状砂岩，下部为浅灰白色薄层状砂岩及含砂屑白云岩，上部为含燧石条带的粉-泥晶白云岩，发育锥状叠层石；第二段为中厚层状含锰白云岩段；第三段为瘤状-板层状白云质灰岩；第四段下部为锥状叠层石发育的白云岩、角砾状白云岩，上部为沥青质白云岩，含燧石条带、团块白云岩。该组与下伏大红峪组为平行不整合接触。

在此观察点，高于庄组第一段为石英砂岩（图2-5-1a）、薄层状砂质白云岩、中厚层状含叠层石白云岩，第二段为薄层至厚层状白云岩（图2-5-1b），局部可见砾屑，指示风暴作用。此条观察路线在该组第三段结束。高于庄组第三段在蓟县地区发育具有时限意义（仅发育于约2500～750 Ma期间）的白齿状碳酸盐岩（Molar-tooth carbonate）（图2-5-1c），在冀东地区发育宏体真核生物化石（图2-5-1d）（Zhu et al.，2016），野外时可对其找寻观察。结合常州沟组和大红峪组石英砂岩，对比高于庄组石英砂岩沉积特征，理解沉积层序及韵律。研究者围绕高于庄组沉积年代（李怀坤等，2010；田辉等，2015）、古生物化石（Shi et al.，2017b；Zhu et al.，2016）、海洋化学环境（Luo et al.，2014，2015b；Wang et al.，2020b）等方面开展了一系列研究，并识别出一次短期的海洋"氧化事件"（Shang et al.，2019；Zhang et al.，2018a），我们将了解和学习相关进展。

图 2-5-1　高于庄组沉积特征

a.该组下部中厚层状石英砂岩；b.该组中部薄至中层状白云岩；c.蓟县地区高于庄组白齿状碳酸盐岩；
d.冀东地区高于庄组白云岩里的宏体真核生物化石（Zhu et al.，2016）

◉ 点 2-6　蓟县系，杨庄组（备用点）

位置：北大岭村附近。

目的：认识杨庄组典型岩石类型及沉积特征，了解相关研究进展。

由于剖面发育情况及路线安排，此次野外实习暂不考察杨庄组。杨庄组在天津蓟县地区为典型，可分为三段：下段为红白色相间的含粉砂泥晶白云岩（图 2-6-1），中段为紫红色粉砂泥晶白云岩，上段岩性与下段类似。杨庄组岩石特征鲜明，一定程度上可作为野外区域地层对比的标志层组。杨庄组与下伏高于庄组呈整合接触关系。研究者围绕杨庄组沉积环境（Zou et al.，2019）、古地磁（Pei et al.，2006）等方面开展了一系列研究，我们将了解和学习相关进展。

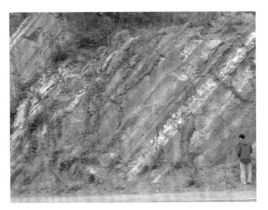

图 2-6-1　蓟县地区杨庄组沉积特征，发育灰白
色和紫红色白云岩

◎ **点2-7　蓟县系，雾迷山组**

位置：苇子峪村南约 2.6 km 处（40°27.484′N；117°9.887′E）。

目的：认识雾迷山组典型岩石类型及沉积特征，了解相关研究进展。

雾迷山组岩性以白云岩为主，含少量硅质岩和泥质岩。该组富含各种微生物岩（如凝块石、叠层石、纹层石等），种类繁多的沉积颗粒（核形石、鲕粒、内碎屑等），以及硅质条带和团块等。同时，雾迷山组碳酸盐岩垂向上呈现良好的潮缘旋回特征，广泛发育动荡浅水的沉积特征。该组地层厚度可达 3000 m 以上，大致可划分为四段岩性序列，区域分布广泛而稳定。雾迷山组与下伏杨庄组呈整合接触。

在此观察点，我们将观察雾迷山组典型的微生物碳酸盐岩（图 2-7-1a 至图 2-7-1f），认识其类型多样性、控制因素及研究意义。微生物碳酸盐岩（microbialite）是指由微生物群落通过捕获、黏结或自身诱导沉淀碳酸盐矿物而形成的特殊沉积岩。微生物碳酸盐岩常分为叠层石、凝块石、树形石、纹层石和均一石等多种类型，具有不同的宏观和微观组构特征。微生物碳酸盐岩类型受控于沉积环境（水动力条件、水体化学性质等）与微生物生命活动（生长和代谢）的相互作用。微生物碳酸盐岩（叠层石和凝块石）的丰度和组构在地质历史时期呈现长期演化趋势：在元古宙广泛发育，显生宙以来有所衰退，但在几次生物大灭绝后的复苏期有所反弹（图 2-7-2）。这被认为响应了大气 CO_2 浓度（影响水体碳酸盐化学体系）及后生动物（占据生态空间）的长期演化（Riding，2011）。通常，天文轨道旋回（或称"米兰科维奇旋回"）可对气候及海平面变化产生影响，进而影响碳酸盐岩沉积，使浅水碳酸盐岩常发育不同类型和尺度的沉积旋回。现今天文轨道旋回岁差周期约 2.3 万年，地轴倾斜度周期约 4.1 万年，偏心率周期约 10 万年（短周期）和 41 万年（长周期）。我们将观察雾迷山组微生物碳酸盐岩构成的潮缘

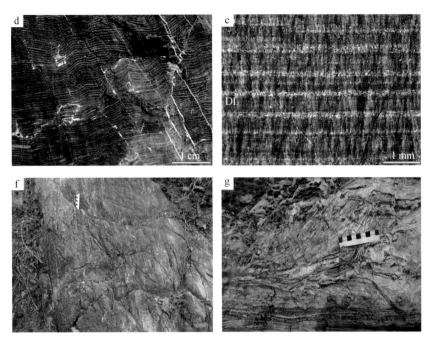

图 2-7-1　雾迷山组沉积特征（d、e 引自 Tang et al.，2014）

a. 典型微生物碳酸盐岩产出特征；b. 凝块石；c. 微指状叠层石；d. 纹层石；e. 纹层石显微镜下特征；
f. 长柱状叠层石，内部纹层呈尖锥状；g. 砾屑层，含大量扁平状硅质砾屑

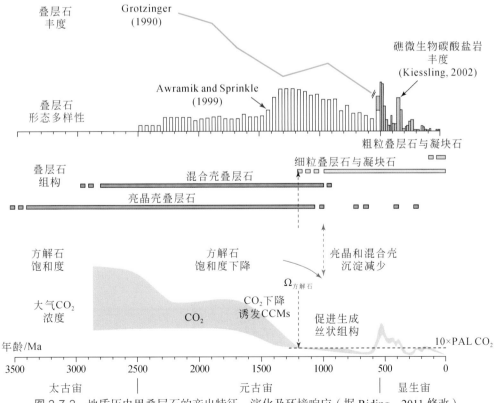

图 2-7-2　地质历史里叠层石的产出特征、演化及环境响应（据 Riding，2011 修改）

沉积旋回（图 2-7-3、图 2-7-4），理解天文轨道旋回、海平面变化及碳酸盐岩沉积特征及其联系。此外，我们将观察到硅质砾屑白云岩（图 2-7-1g），通常源于风暴作用对下伏半固结沉积物的破碎、近距离搬运和再沉积作用。

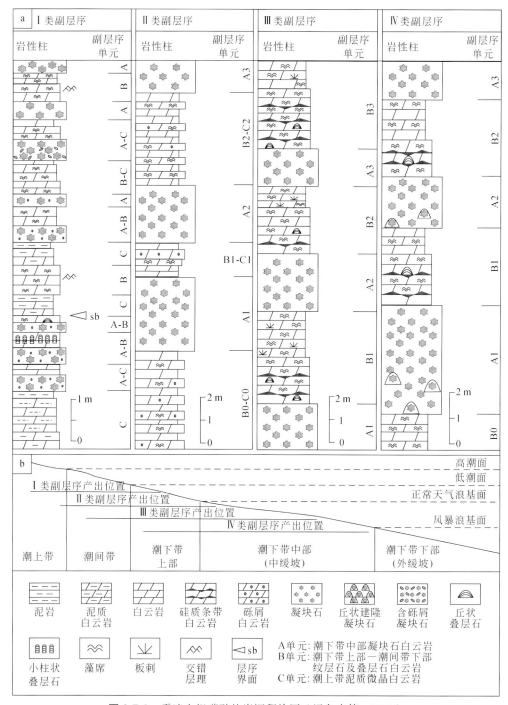

图 2-7-3　雾迷山组碳酸盐岩沉积旋回（汤冬杰等，2011）

a.典型沉积旋回类型及岩相组合；b.碳酸盐岩潮缘沉积环境及相带划分

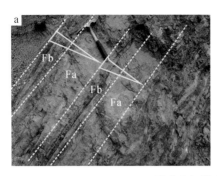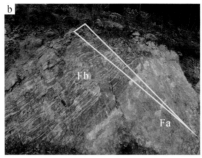

图 2-7-4　雾迷山组微生物碳酸盐岩沉积旋回

a 和 b. 雾迷山组向上变浅沉积旋回、Fa 为潮下带中 - 厚层状凝块石，Fb 为潮间带微生物席发育的薄
层泥晶白云岩（局部硅化）

随着油气勘探工作的深化，时代古老的微生物碳酸盐岩可能具备潜在的生烃及储集潜力，日益受到重视。研究者围绕雾迷山组沉积年代（李怀坤等，2014）、微生物碳酸盐岩（Tang et al.，2013a，2013b，2013c，2014，2015；Zhao et al.，2020；梅冥相等，2008；汤冬杰等，2011，2012）、旋回地层（梅冥相等，2001a，2001b）、震积岩（Su et al.，2014）、海洋化学环境特征（Ding et al.，2017；Guo et al.，2013；Huang et al.，2015；Shen et al.，2018）等方面开展了一系列研究，我们将了解和学习相关进展。

◉ 点 2-8　蓟县系，洪水庄组

位置：河北庄村东约 2 km 处（40°26.350′N；116°47.910′E）。

目的：认识洪水庄组典型岩石类型及沉积特征，了解相关研究进展。

洪水庄组通常可分为两段：下段为深灰色页岩、黄绿色粉砂质页岩夹黑色含碳粉砂质页岩及泥质白云岩；上段为灰 - 深灰色页岩、黑色页岩夹黄绿色泥质白云岩及含泥粒屑白云岩。该组与下伏雾迷山组为整合接触。

在此观察点，洪水庄组出露浅灰白色薄 - 中层状泥质白云岩，其间夹薄层状浅紫褐色白云质粉砂岩（图 2-8-1）。洪水庄组对比下伏雾迷山组，岩性呈现明显变化，

图 2-8-1　洪水庄组泥质白云岩夹薄层粉砂岩

反映了沉积环境演化，值得思考。区域上，洪水庄组发育富有机质泥页岩，是潜在的烃源岩，受到广泛关注。研究者围绕其沉积环境及有机质富集特征（Luo et al.，2015c，2016；Ma et al.，2017）、沉积旋回（任传真等，2019）等开展了一系列研究，我们将了解和学习相关进展。

◉ 点 2-9 蓟县系，铁岭组

位置：河北庄村东（40°26.044′N；116°47.126′E）。

目的：认识铁岭组典型岩石类型及沉积特征，了解相关研究进展。

铁岭组通常可分为两段：第一段底部为中厚层状粒屑白云岩，向上为浅灰色含泥泥晶白云岩与泥页岩互层，上部以黄灰色、深灰色至黄绿色粉砂－泥页岩为主，发育含锰白云岩，局部地区顶部可见硅质角砾和古风化壳；第二段下部为含内碎屑、含锰白云岩与白云质灰岩互层，中部为巨型叠层石礁灰岩夹内碎屑灰岩（伴生海绿石），顶部为薄至中层状白云质灰岩，夹少量硅质岩。该组与下伏洪水庄组为整合接触。

在此观察点，铁岭组主要出露灰色薄至厚层状灰岩，沉积旋回特征明显，部分层段发育大量柱状叠层石（图 2-9-1a 至图 2-9-1c）。铁岭组叠层石具有典型的形态特征，可对比团山子组（图 2-3-2）、高于庄组、雾迷山组叠层石（图 2-7-1），观察总结叠层石形态多样性，讨论其控制因素及地质意义。同时，我们将观察典型的丘状交错层理（图 2-9-1d 和图 2-9-1e）。丘状和洼状交错层理源于风暴作用对海底沉积物的改造，常发育于正常天气浪基面和风暴浪基面之间的水深环境，具有重要的指相意义。此外，我们将在野外追索该组与上覆下马岭组（灰绿至深灰色泥质粉砂岩）的界线，加深对不

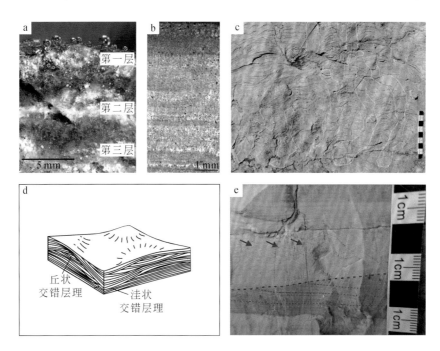

图 2-9-1　叠层石及铁岭组沉积特征（a. 据 Warthmann et al.，2011 修改；
b. 引自 Tang et al.，2013c；d. 据 Tucker，2003 修改）

a. 现今叠层石（Lagoa Vermelha 盐湖）中的微生物席特征，注意微生物群落序列，第一层为绿色蓝细菌，第二层为棕色异养细菌，第三层为粉红色紫硫细菌，白色部分为原位沉淀的碳酸盐矿物；b. 叠层石镜下特征，呈现明暗相间的纹层；c. 铁岭组灰岩中的柱状叠层石，虚线内为柱体间沉积，注意柱体轮廓及垂向延伸情况；d. 丘状和洼状层理示意图；e. 铁岭组里的丘状层理，箭头指示深灰色砂屑

整合面的认识，并探讨其地质意义。研究者围绕铁岭组沉积年代（郭文琳等，2019；苏文博等，2010）、叠层石（Tosti and Riding，2016，2017；屈原皋等，2004）、沉积矿物及海洋环境（Tang et al.，2017b；周锡强等，2009）等方面开展了一系列研究，我们将了解和学习相关进展。

◉ 点 2-10 待建系，下马岭组

位置：太子务村北（40°25.386′N；116°47.954′E）。

目的：认识下马岭组典型岩石类型及沉积特征，了解相关研究进展。

下马岭组最初命名地点在北京西山下马岭村，故得名。下马岭组由下到上通常可以分为四段：第一段为含铁粉砂岩、细砂岩，杂色粉砂岩及粉砂质页岩，韵律结构明显；第二段下部为含鲕绿泥石砂岩，上部为紫红色、鲜绿色泥页岩，产出铁白云石、菱铁矿透镜体等；第三段为深灰至灰黑色泥质页岩及粉砂质页岩，夹薄板状硅质岩；第四段以灰绿色和深灰色粉砂质页岩、泥质页岩及钙质页岩为主。下马岭组局部可见沉凝灰岩、侵入的辉绿岩岩床。该组与下伏铁岭组为平行不整合接触。

在此观察点，下马岭组第一段为浅灰绿色泥质粉砂岩（图 2-10-1a），层面可见丝绢光泽，轻微变质。下马岭组第三段下部可见侵入其中的辉绿岩岩床（40°25.180′N；116°48.003′E）（图 2-10-1b），厚约 8 m，年龄约为 1.32 Ga。下马岭组第三段为富有机质黑色泥页岩，发育硅质泥页岩和页岩组成的沉积旋回韵律（图 2-10-1c）。下马岭组深水细粒碎屑岩和雾迷山组浅水碳酸盐岩（图 2-7-3、图 2-7-4）均发育沉积旋回，可对比观察其产出特征，思考其控制因素及研究意义。我们将在野外追索下马岭组（深灰色粉砂质泥岩）与上覆长龙山组（含砾石英砂岩）平行不整合接触界线（图 2-10-1d），探讨其识别特征及地质意义。

传统上，下马岭组被划归为青白口系（约 1.00 ～ 0.72 Ga）。但是根据最新年龄数据约束，下马岭组沉积时间约为 1.40 ～ 1.35 Ga（Su et al.，2008；高林志等，2008a），介于下伏蓟县系和上覆青白口系之间，具体层系归属待定，因此为"待建系"。这极大地推动了华北中 - 新元古界地层年代格架的变革。下马岭组沉积特征丰富，环境变化显著，是当前中 - 新元古界热点研究层位。下马岭组部分层段富含有机质，是潜在的烃源岩，其有机质富集机理及烃源岩评价受到研究重视（Luo et al.，2015a；Wang et al.，2017b，2018；Xie et al.，2013）；局部层段发育富铁沉积（Tang et al.，2018），被认为是中元古代罕见而重要的铁建造（Canfield et al.，2018）。下马岭组识别出重要的"增氧事件"（Diamond et al.，2018；Planavsky et al.，2016；Zhang et al.，2016，2019），突破了中元古代大气 - 海洋长期持续低氧状态的传统认识，受到广泛关注和讨论。同时，研究者围绕下马岭组海洋化学环境（Liu et al.，2020；Wang et al.，2017a，2020a）、沉积矿物成因（Liu et al.，2019；Tang et al.，2017a）、天文旋回与古气候（Zhang et al.，2015a）、岩浆作用与构造 - 环境意义（Zhang et al.，2017，2018b；Zhu et al.，2020）等方面开展了一系列研究，我们将了解和学习相关进展。

图 2-10-1　下马岭组沉积特征

a. 该组第一段浅灰绿色泥质粉砂岩；b. 该组第三段的辉绿岩岩床，发育柱状节理；c. 该组第三段薄层状硅质泥页岩与薄板状页岩互层，组成沉积韵律；d. 该组顶部深灰色粉砂质泥岩与上覆长龙山组含砾石英砂岩的接触界线

◉ 点 2-11　青白口系，长龙山组

位置：太子务村北（40°25.203′N；116°48.219′E）。

目的：认识长龙山组典型岩石类型及沉积特征，了解相关研究进展。

长龙山组最初命名地点在北京北部的龙山村，为了避免与华南"龙山系"重复，故在其名前加"长"字以示区分。长龙山组通常可分为两段：第一段下部为成熟度较低的砂砾岩，中上部为砂岩及粉砂岩，普遍含海绿石；第二段为杂色页岩，在全区稳定分布，可作为地层对比的标志层。该组与下伏下马岭组为平行不整合接触，与上覆景儿峪组为整合接触。

在此观察点，长龙山组第一段为灰黄色中厚层状石英砂岩，局部含砾石（图 2-11-1a）；向上过渡为薄层状粉砂岩和粉砂质泥岩（图 2-11-1b）。砾石大小（分选度）、形态（磨圆度）、排列方式等可反映水动力条件及沉积环境，野外应进行认真观察。同时，长龙山组含砾砂岩的砾石成分可以示踪物源，可对比下伏地层岩性特征，讨论沉积物源与构造意义。长龙山组与下伏下马岭组具有不同的岩性特征，可对比分析沉积环境差异，思考不整合面识别特征和地质意义。研究者围绕长龙山组古生物化石（Du and Tian，1985）、碎屑锆石（王振涛等，2017）、沉积层序（张驰等，2017）等方面开展了一系列研究，我们将了解和学习相关进展。该组研究程度较低，其沉积时代约束、物源分析、沉积环境及生物演化等方面值得进一步思考与探索。

图 2-11-1　长龙山组沉积特征

a. 该组下部发育含砾粗砂岩；b. 该组向上过渡为薄层状粉砂岩和粉砂质泥岩

◉ 点 2-12　青白口系，景儿峪组

位置：太子务村北（40°25.174′N；116°48.275′E）。

目的：认识景儿峪组典型岩石类型及沉积特征，了解相关研究进展。

景儿峪组岩性比较单一，以杂色（浅灰色、紫红色、蛋青及黄绿色等）泥灰岩和硅质泥晶灰岩为主。顶部常出现薄层硅质页岩。该组与下伏长龙山组为整合接触，与上覆府君山组为平行不整合接触。

在此观察点，景儿峪组出露厚层含泥质条带的灰质白云岩（图 2-12-1a）和黑紫至灰黑色钙质泥岩（图 2-12-1b）。其中，泥质条带白云岩发生强烈的褶皱变形（图 2-12-2），可见多种褶皱形态类型。景儿峪组研究程度较低，研究者针对碎屑锆石开展了一些研究（Sun et al.，2012；Ying et al.，2011），我们将了解和学习相关进展。同时，景儿峪组沉积时代、环境及演化等问题值得进一步思考与探索。

图 2-12-1　景儿峪组沉积特征

a. 厚层状白云岩，含黄褐色泥质条带；b. 黑紫色钙质泥岩

图 2-12-2　景儿峪组含泥质条带白云岩及其褶皱变形，地质锤为比例尺（白色箭头）

◉ 点 2-13　寒武系，府君山/昌平组

位置：太子务村北（40°25.179′N；116°48.332′E）。

目的：认识昌平组典型岩石类型及沉积特征，了解相关研究进展。

下寒武统下部碳酸盐岩地层在密云地区命名为昌平组，蓟县地区命名为府君山组。府君山/昌平组自下而上可分为三部分：下部为豹皮状灰岩及白云质灰岩，豹皮斑块较发育，断续相连或呈不规则条带；中部为深灰色厚层球粒泥晶灰岩，偶见云朵状斑块，为优质石灰石矿层；上部以豹皮状灰岩为主，并发育细粉晶含云灰岩、砂屑细粉晶含云质灰岩和球粒细粉晶灰岩，顶部为灰至深灰色中厚层粉晶（灰质）白云岩。该组含三叶虫、棘皮动物化石碎片。该组与下伏景儿峪组为平行不整合接触，与上覆馒头组暗棕色白云质泥岩及页岩为整合接触。

在此观察点，昌平组出露斑状/豹皮状白云质灰岩（图 2-13-1），我们将对其进行观察并探讨成因。昌平组研究程度较低，我们将对比分析寒武系昌平组与青白口系景儿峪组的沉积特征和环境演化，并讨论平行不整合界面的识别与地质意义。研究显示，塔里木、扬子、华北克拉通（图 2-13-2），以及北美大陆等全球多个陆块的寒武系常以不整合方式与下伏地层或基底接触，其间存在不同时间尺度的沉积间断，形成"大型不整合"（great unconformity）（He et al.，2017；Peters and Gaines，2012；Wan et al.，2019）。早寒武世发生全球性海侵（Dalziel，2014），该不整合界面堆积的风化物质输入海洋，可能对海洋环境产生了重要影响（Peters and Gaines，2012）。在此基础上，我们将了解和学习相关进展。

图 2-13-1　昌平组斑状白云质灰岩

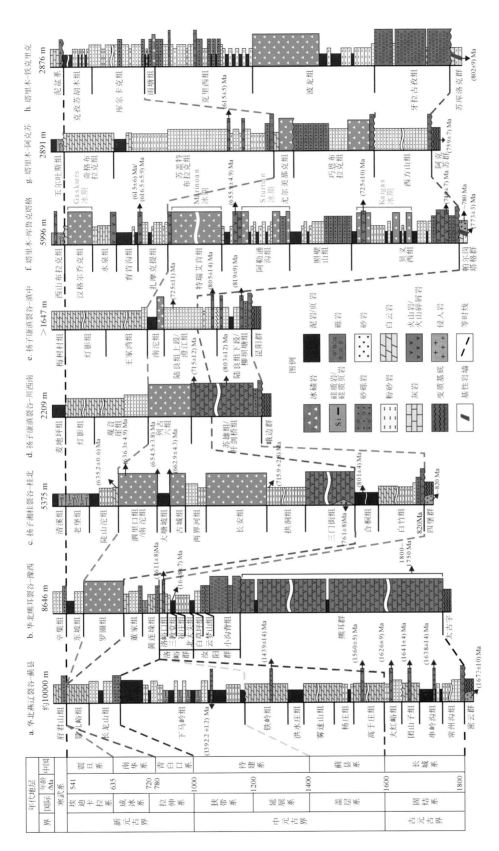

图 2-13-2 中国中 - 新元古代裂谷盆地代表剖面，注意寒武系与下伏层系普遍为不整合接触关系（赵文智等，2019）

2.3　延伸阅读

2.3.1　地层学及沉积岩石学（表2-1至表2-6）

表2-1　地质历史及地层划分方案（刘本培和全秋琦，1996；龚一鸣和张克信，2016）

类型	地质年代单位	年代地层单位	岩石地层单位	生物地层单位
划分依据	生物及地质事件	岩石形成年代	岩性	生物化石
术语及级别	宙	宇		
	代	界	超群	延限带
	纪	系	群	间隔带
	世	统	组	谱系带
	期	阶	段	组合带
	时	时带	层	富集带
使用范围	全球性	全球性	区域性	区域性或全球性

表2-2　常见沉积岩类型及划分方案（据赵澄林和朱筱敏，2001；Stow，2005；Tucker，2003整理）

陆源沉积岩		内源沉积岩		火山－沉积碎屑岩	
粗粒碎屑岩	细粒碎屑岩	蒸发岩	非蒸发岩	沉火山碎屑岩	火山碎屑沉积岩
砾岩砂岩	粉砂岩泥岩	天然碱岩、硬石膏岩、石盐岩、芒硝岩、钾石盐岩等	灰岩、白云岩、硅质岩、磷质岩、铁岩等	沉集块岩、沉火山角砾岩、沉凝灰岩等	凝灰质砾岩、凝灰质砂岩、凝灰质泥岩等

表2-3　沉积岩层厚划分方案（据Tucker，2003修改）

厚度/cm	划分方案
>100	巨厚层或块状层
50～100	厚层
30～50	中厚层
10～30	中层
3～10	薄层
1～3	极薄层或薄板层
<1	薄片层或薄纹层

表 2-4　**沉积岩颜色特征**（据赵澄林和朱筱敏，2001；Stow，2005 整理）

分类	成因	常见致色矿物或颗粒		其他影响因素
自生色	源于沉积与早期成岩阶段，自生矿物的颜色	黑色：有机质		颗粒粒度、致密程度、干湿程度、风化程度、观察时光线强度、个人主观差异等
		绿色：海绿石、鲕绿泥石等		
		红棕色：铁氧化物或氢氧化物（赤铁矿、褐铁矿等）		
继承色	源于陆源母岩的碎屑颗粒及矿物的颜色	钾长石（肉红色）、碎屑石英（无色透明）、绿泥石（绿色）等		
次生色	源于成岩、变质或风化阶段，生成的次生矿物的颜色	绿泥石（绿色），铁氧化物和氢氧化物（红棕色）、有机质氧化（土黄色）等		

表 2-5　**碎屑及矿物晶粒粒级划分简表**（据赵澄林和朱筱敏，2001；Stow，2005 整理）

碎屑及矿物晶粒粒度 /mm	陆源碎屑名称		内源碎屑名称		矿物晶粒名称
＞ 256	粗碎屑（砾）	巨砾	砾屑	巨砾屑	巨晶
64 ～ 256		粗砾		粗砾屑	
4 ～ 64		中砾		中砾屑	
2 ～ 4		细砾		细砾屑	
0.500 ～ 2	中碎屑（砂）	粗砂	砂屑	粗砂屑	粗晶
0.250 ～ 0.500		中砂		中砂屑	中晶
0.063 ～ 0.250		细砂		细砂屑	细晶
0.032 ～ 0.063	细碎屑（粉砂）	粗粉砂	粉屑	粗粉屑	粗粉晶
0.016 ～ 0.032		中粉砂		中粉屑	中粉晶
0.004 ～ 0.016		细粉砂		细粉屑	细粉晶
＜ 0.004	泥		泥屑		泥晶

表 2-6　**沉积岩结构和构造特征、岩石典型描述**（Tucker，2003；赵温霞，2003）

沉积岩结构和构造		沉积岩描述示例
结构类型	陆源碎屑结构：砾状、砂状、粉砂状、泥质结构	紫褐色铁质中粒石英砂岩：岩石为紫褐色厚层状，主要由碎屑（约占90%以上）和胶结物（含量少于10%）组成。碎屑几乎全为石英，无色透明，磨圆度高，分选良好，粒度为 0.3 ～ 0.5 mm，为中粒砂状结构。胶结物主要为无色硅质（多已重结晶为石英），并含少量紫褐色铁质矿物。岩石致密坚硬，块状构造，交错层理和波痕发育，指示滨岸沉积环境
	粒屑结构：内碎屑，鲕粒、生物碎屑结构等	
	生物骨架结构	
	晶粒结构：结晶程度	
构造类型	层理构造：水平层理、交错层理、粒序层理等	灰色含砂屑灰岩：岩石为灰色中层状，加稀盐酸剧烈起泡，主要成分为方解石，泥粉晶结构。含大量深灰色不规则状砂屑，粒度约为 0.2 ～ 1 mm。岩石水平纹层发育，下部可见丘状层理，指示正常天气浪基面与风暴浪基面之间的潮下带环境 样品号：XXX；照片号：XXX
	层面构造：波痕、冲刷、泥裂、槽模等	
	生物成因构造：虫孔、虫迹，以及叠层石、凝块石等	
	化学构造：结核、缝合线等	

2.3.2 沉积环境及沉积相（表2-7和表2-8；图2-9至图2-11）

表2-7 常见沉积相（环境）分类（据赵澄林和朱筱敏，2001；Einsele，2000；Stow，2005整理）

一级	二级		三级
陆相	（曲流、辫状、网状）河流相		河床、堤岸、河漫等
	湖泊相		滨湖、浅湖、半深湖、深湖等
	山麓-冲积相		扇根、扇中、扇缘等
	沙漠相、冰川相等		……
海陆过渡相	三角洲相	曲流河三角洲相（河控、浪控、潮控）	三角洲平原、三角洲前缘、前三角洲等
		辫状河三角洲相	
		扇三角洲相	
	河口湾相		……
海相	滨岸相	障壁型	障壁岛、潮坪、潮道、潟湖等
		无障壁型	海岸沙丘、临滨、前滨、后滨等
	浅海（陆架）相		内陆架、中陆架、外陆架
	半深海（斜坡）相		上斜坡、中斜坡、下斜坡
	深海相		海盆、海底扇、海底高原等

表2-8 海洋碳酸盐岩沉积相（环境）分类（金振奎等，2013）

相		亚相		微相	亚微相
台地		潮坪	滨岸潮坪、台内潮坪、台缘潮坪	潮上带	潮上灰坪、潮上云坪、潮上云灰坪、潮上滩、潮上湖
				潮间带	潮间灰坪、潮间滩、潮汐水道
				潮下带	潮下灰坪、潮下滩
		滩	岸滩、障壁滩、台内滩、台缘滩	滩中、滩缘	
		礁	台缘礁	礁核、礁前斜坡、礁后滩、礁沟	
			堡礁、岸礁	礁核、礁前滩、礁后滩、礁沟	
			斑礁	礁核、礁缘滩	
			塔礁	礁核、礁缘斜坡	
		开阔台地			
		局限台地			
		蒸发台地			
斜坡	缓坡	上部			
		下部			
	陡坡	上部			
		下部			
	陡崖	上部			
		下部			
盆地	浅盆				
	深盆				

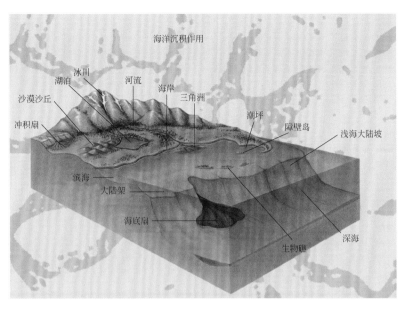

图 2-9 典型沉积环境分布特征（图片来自 https://baike.baidu.com/item/%E6%B2%89%E7%A7%AF%E
4%BD%9C%E7%94%A8/1699156, 2020.10.21）

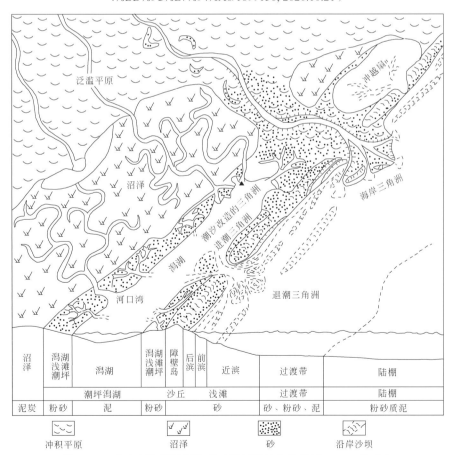

图 2-10 障壁型海岸沉积体系（据赵澄林和朱筱敏，2001 修改）

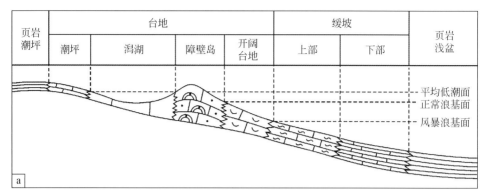

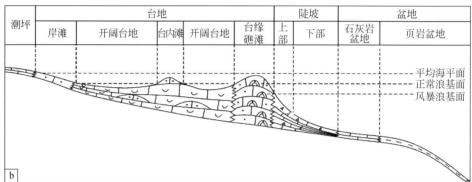

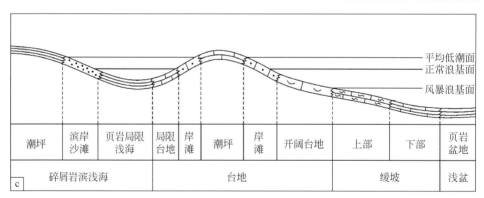

图 2-11　碳酸盐岩沉积（相）模式（金振奎等，2013）

a. 镶边缓坡台地；b. 镶边陡坡台地；c. 离岸缓坡台地；d. 陡崖孤立台地

参 考 文 献

北京市地质矿产局 . 1991. 北京市区域地质志 . 北京：地质出版社 .

段超，李延河，魏明辉，等 . 2014. 河北宣化姜家寨铁矿床串岭沟组底部碎屑锆石 LA-MC-ICP-MS U-Pb 年龄及其地质意义 . 岩石学报，30(1): 35-48.

高林志，张传恒，史晓颖，等 . 2008a. 华北古陆下马岭组归属中元古界的锆石 SHRIMP 年龄新证据 . 科学通报，53(21): 2617-2623.

高林志，张传恒，尹崇玉，等 . 2008b. 华北古陆中、新元古代年代地层框架 SHRIMP 锆石年龄新依据 . 地球学报，(03): 366-376.

龚一鸣，张克信 . 2016. 地层学基础与前沿（第二版）. 武汉：中国地质大学出版社 .

郭文琳，苏文博，张健，等 . 2019. 天津蓟县铁岭组新剖面钾质斑脱岩锆石 U-Pb 测年及 Hf 同位素研究 . 岩石学报，35(8): 2433-2454.

和政军，牛宝贵，张新元，等 . 2011a. 北京密云元古宙常州沟组之下环斑花岗岩古风化壳岩石的发现及其碎屑锆石年龄 . 地质通报，31(5): 798-802.

和政军，张新元，牛宝贵，等 . 2011b. 北京密云元古宙环斑花岗岩古风化壳及其与长城系常州沟组的关系 . 地学前缘，18(4): 123-130.

河北省地质矿产局 . 1989. 河北省北京市天津市区域地质志 . 北京：地质出版社 .

金振奎，石良，高白水，等 . 2013. 碳酸盐岩沉积相及相模式 . 沉积学报，31(6): 965-979.

李怀坤，苏文博，周红英，等 . 2011. 华北克拉通北部长城系底界年龄小于 1670 Ma：来自北京密云花岗斑岩岩脉锆石 LA-MC-ICPMS U-Pb 年龄的约束 . 地学前缘，18(3): 108-120.

李怀坤，苏文博，周红英，等 . 2014. 中‐新元古界标准剖面蓟县系首获高精度年龄制约——蓟县剖面雾迷山组和铁岭组斑脱岩锆石 SHRIMP U-Pb 同位素定年研究 . 岩石学报，30(10): 2999-3012.

李怀坤，朱士兴，相振群，等 . 2010. 北京延庆高于庄组凝灰岩的锆石 U-Pb 定年研究及其对华北北部中元古界划分新方案的进一步约束 . 岩石学报，(7): 2131-2140.

刘本培，全秋琦 . 1996. 地史学教程 . 北京：地质出版社 .

陆松年，李惠民 . 1991. 蓟县长城系大红峪组火山岩的单颗粒锆石 U-Pb 法准确定年 . 中国地质科学院院报，(1): 140-149.

梅冥相，高金汉，孟庆芬，等 . 2008. 天津蓟县中元古界雾迷山组微指状叠层石及其对 1250 Ma± 叠层石衰减事件的响应 . 古地理学报，(5): 495-509.

梅冥相，马永生，郭庆银 . 2001a. 天津蓟县雾迷山旋回层基本模式及其马尔柯夫链分析 . 高校地质学报，(3): 288-299.

梅冥相，马永生，周洪瑞，等 . 2001b. 雾迷山旋回层的费希尔图解及其在定义前寒武纪三级海平面变化中的应用 . 地球学报，(5): 429-436.

孟庆仁，武国利，曲永强，等 . 2016. 华北克拉通北缘中元古代沉积盆地演化 . 见：孙枢，王铁冠 . 中国东部中‐新元古界地质学与油气资源 . 北京：科学出版社，287-300.

彭澎，刘富，翟明国，等 . 2011. 密云岩墙群的时代及其对长城系底界年龄的制约 . 科学通报，56(35): 2975-2980.

乔秀夫，高林志，张传恒 . 2007. 中朝板块中、新元古界年代地层柱与构造环境新思考 . 地质通报，(5):

503-509.

乔秀夫,高林志.2007.燕辽裂陷槽中元古代古地震与古地理.古地理学报,(4):337-352.

乔秀夫,王彦斌.2014.华北克拉通中元古界底界年龄与盆地性质讨论.地质学报,88(9):1623-1637.

曲永强,孟庆任,马收先,等.2010.华北地块北缘中元古界几个重要不整合面的地质特征及构造意义.地学前缘,17(4):112-127.

屈原皋,解古巍,龚一鸣.2004.10亿年前的地-日-月关系:来自叠层石的证据.科学通报,49(20):2083-2089.

任传真,褚润健,吴怀春,等.2019.天津蓟县剖面前寒武系洪水庄组-铁岭组米兰科维奇旋回.现代地质,33(5):979-989.

史晓颖,蒋干清,张传恒,等.2008.华北地台中元古代串岭沟组页岩中的砂脉构造:17亿年前甲烷气逃逸的沉积标识?地球科学(中国地质大学学报),(5):577-590.

苏文博,李怀坤,张世红,等.2010.铁岭组钾质斑脱岩锆石SHRIMP U-Pb年代学研究及其地质意义.科学通报,(22):2197-2206.

苏文博.2016.华北及扬子克拉通中元古代年代地层格架厘定及相关问题探讨.地学前缘,23(6):156-185.

孙会一,高林志,包创,等.2013.河北宽城中元古代串岭沟组凝灰岩SHRIMP锆石U-Pb年龄及其地质意义.地质学报,87(4):591-596.

汤冬杰,史晓颖,蒋干清,等.2012.中元古代微指状叠层石:超微组构和有机矿化过程.地质论评,58(6):1001-1016.

汤冬杰,史晓颖,裴云鹏,等.2011.华北中元古代陆表海氧化还原条件.古地理学报,13(5):563-580.

天津市地质矿产局.1992.天津市区域地质志.北京:地质出版社.

田辉,张健,李怀坤,等.2015.蓟县中元古代高于庄组凝灰岩锆石LA-MC-ICPMS U-Pb定年及其地质意义.地球学报,(5):647-658.

王振涛,沈阳,王训练,等.2017.河北怀来龙凤山青白口系长龙山组碎屑锆石LA-ICP-MS U-Pb年龄及其构造古地理意义.地质学报,91(8):1760-1775.

翟明国,胡波,彭澎,等.2014.华北中-新元古代的岩浆作用与多期裂谷事件.地学前缘,21(1):100-119.

张驰,李建安,焦杰伟,等.2017.北京西山下苇甸地区青白口系长龙山组沉积相及层序地层研究.古地理学报,19(6):955-964.

张拴宏,赵越,叶浩,等.2013.燕辽地区长城系串岭沟组及团山子组沉积时代的新制约.岩石学报,29(7):2481-2490.

赵澄林,朱筱敏.2001.沉积岩石学.北京:石油工业出版社.

赵太平,邓小芹,胡国辉,等.2015.华北克拉通古/中元古代界线和相关地质问题讨论.岩石学报,31(6):1495-1508.

赵太平,庞岚尹,仇一凡,等.2019.古/中元古代界线:1.8 Ga.岩石学报,35(8):2281-2298.

赵温霞.2003.周口店地质及野外地质工作方法与高新技术应用.武汉:中国地质大学出版社.

赵文智,王晓梅,胡素云,等.2019.中国元古宇烃源岩成烃特征及勘探前景.中国科学:地球科学,49(6):49-74.

钟焱,相振群,初航.2019.华北克拉通北缘的中元古代多旋回复合盆地及其地质意义:来自碎屑锆石U-Pb年龄的统计学证据.岩石学报,35(8):2377-2406.

周锡强, 李楠, 梁光胜, 等. 2009. 天津蓟县中元古界铁岭组叠层石灰岩中原地海绿石的沉积学意义. 地质通报, 28(7): 985-990.

Anbar A D. 2008. Elements and evolution. Science, 322(5907): 1481-1483.

Anbar A D, Knoll A. 2002. Proterozoic ocean chemistry and evolution: A bioinorganic bridge? Science, 297(5584): 1137-1142.

Awramik S M, Sprinkle J. 1999. Proterozoic stromatolites: the first marine evolutionary biota. Historical Biology, 13: 241-253.

Bradley D C. 2011. Secular trends in the geologic record and the supercontinent cycle. Earth-Science Reviews, 108: 16-33.

Canfield D E, Zhang S, Wang H, et al. 2018. A Mesoproterozoic iron formation. Proceedings of the National Academy of Sciences, 115(17): E3895-E3904.

Cawood P A, Hawkesworth C J. 2014. Earth's middle age. Geology, 42(6): 503-506.

Chu X, Zhang T, Zhang Q, et al. 2007. Sulfur and carbon isotope records from 1700 to 800 Ma carbonates of the Jixian section, northern China: Implications for secular isotope variations in Proterozoic seawater and relationships to global supercontinental events. Geochimica et Cosmochimica Acta, 71(19): 4668-4692.

Dalziel I W D. 2014. Cambrian transgression and radiation linked to an Iapetus-Pacific oceanic connection? Geology, 42(11): 979-982.

Diamond C W, Planavsky N J, Wang C, et al. 2018. What the ~ 1. 4 Ga Xiamaling Formation can and cannot tell us about the mid-Proterozoic ocean. Geobiology, 16(3): 1-18.

Ding T, Gao J, Tian S, et al. 2017. The δ^{30}Si peak value discovered in middle Proterozoic chert and its implication for environmental variations in the ancient ocean. Scientific Reports, 7: 44000.

Du R, Tian L. 1985. Algal macrofossils from the Qingbaikou system in the Yanshan range of north China. Precambrian Research, 29(1-3): 5-14.

Ernst R E, Buchan K L. 2001. Large mafic magmatic events through time and links to mantle-plume heads. In: Ernst R E, Buchan K L. Mantle Plumes: Their Identification Through Time. Geological Society of America Special Papers, 352: 483-575.

Einsele G. 2000. Sedimentary Basins: Evolution, Facies, and Sediment Budget. New York: Springer-Verlag.

Fakhraee M, Hancisse O, Canfield D E, et al. 2019. Proterozoic seawater sulfate scarcity and the evolution of ocean-atmosphere chemistry. Nature Geoscience, 12: 375-380.

Grotzinger J P. 1990. Geochemical model for Proterozoic stromatolite decline. American Journal of Science, 290-A: 80-103.

Gao C S, Hsiung Y H, Gao P. 1934. Preliminary notes on Sinian stratigraphy of North China. Bulletin Geological Society of China, 13: 243-288.

Gerdes G. 2007. Structures left by modern microbial mats in their host sediments. In: Schieber J, Bose P, Eriksson P G. Atlas of microbial mat features preserved within the siliciclastic rock record. Amsterdam: Elsevier, 5-38.

Guo H, Du Y, Kah L C, et al. 2015. Sulfur isotope composition of carbonate-associated sulfate from the Mesoproterozoic Jixian Group, North China: Implications for the marine sulfur cycle. Precambrian

Research, 266: 319-336.

Guo H, Du, Y, Kah, L C, et al. 2013. Isotopic composition of organic and inorganic carbon from the Mesoproterozoic Jixian Group, North China: Implications for biological and oceanic evolution. Precambrian Research, 224: 169-183.

He T, Zhou Y, Vermeesch P, et al. 2017. Measuring the "Great Unconformity" on the North China Craton using new detrital zircon age data. London: Special Publications, Geological Society, 448(1): 145-159.

Holland H D. 2002. Volcanic gases, black smokers, and the Great Oxidation Event. Geochimica et Cosmochimica Acta, 66(21): 3811-3826.

Huang K J, Shen B, Lang X G, et al. 2015. Magnesium isotopic compositions of the Mesoproterozoic dolostones: Implications for Mg isotopic systematics of marine carbonates. Geochimica et Cosmochimica Acta, 164: 333-351.

Javaux E J, Lepot K. 2018. The Paleoproterozoic fossil record: Implications for the evolution of the biosphere during Earth's middle-age. Earth-Science Reviews, 176: 68-86.

Knoll A, Javaux E, Hewitt D, et al. 2006. Eukaryotic organisms in Proterozoic oceans. Philosophical Transactions B, 361(1470): 1023-1038.

Kiessling W. 2002. Secular variations in the Phanerozoic reef ecosystem. In: Kiessling W, Flügel E, Golonka J. Phanerozoic Reef Patterns. Tulsa, OK: Society of Economic Paleontologists and Mineralogists. SEPM Special Publication, 72: 625-690.

Lamb D M, Awramik S M, Zhu S. 2007. Paleoproterozoic compression-like structures from the Changzhougou Formation, China: Eukaryotes or clasts? Precambrian Research, 154(3-4): 236-247.

Lamb D, Awramik S, Chapman D, et al. 2009. Evidence for eukaryotic diversification in the ～ 1800 million-year-old Changzhougou Formation, North China. Precambrian Research, 173(1): 93-104.

Large R R, Mukherjee I, Zhukova I, et al. 2018. Role of upper-most crustal composition in the evolution of the Precambrian ocean–atmosphere system. Earth and Planetary Science Letters, 487: 44-53.

Li C, Planavsky N J, Love G D, et al. 2015. Marine redox conditions in the middle Proterozoic ocean and isotopic constraints on authigenic carbonate formation: Insights from the Chuanlinggou Formation, Yanshan Basin, North China. Geochimica et Cosmochimica Acta, 150: 90-105.

Li H, Lu S, Su W, et al. 2013. Recent advances in the study of the Mesoproterozoic geochronology in the North China Craton. Journal of Asian Earth Sciences, 72: 216-227.

Lin Y, Tang D, Shi X, et al. 2019. Shallow-marine ironstones formed by microaerophilic iron-oxidizing bacteria in terminal Paleoproterozoic. Gondwana Research, 76: 1-18.

Liu A, Tang D, Shi X, et al. 2020. Mesoproterozoic oxygenated deep seawater recorded by early diagenetic carbonate concretions from the Member IV of the Xiamaling Formation, North China. Precambrian Research, 341.

Liu A Q, Tang D J, Shi X Y, et al. 2019. Growth mechanisms and environmental implications of carbonate concretions from the ～ 1. 4Ga Xiamaling Formation, North China. Journal of Palaeogeography, 8(20). doi:10.1186/S42501-019-0036-4.

Lu S, Zhao G, Wang H, et al. 2008. Precambrian metamorphic basement and sedimentary cover of the North

China Craton: A review. Precambrian Research, 160(1-2): 77-93.

Luo G, Junium C K, Kump L R, et al. 2014. Shallow stratification prevailed for ∼ 1700 to ∼ 1300 Ma ocean: Evidence from organic carbon isotopes in the North China Craton. Earth and Planetary Science Letters, 400: 219-232.

Luo G, Hallmann C, Xie S, et al. 2015a. Comparative microbial diversity and redox environments of black shale and stromatolite facies in the Mesoproterozoic Xiamaling Formation. Geochimica et Cosmochimica Acta, 151: 150-167.

Luo G, Ono S, Huang J, et al. 2015b. Decline in oceanic sulfate levels during the early Mesoproterozoic. Precambrian Research, 258: 36-47.

Luo Q, George S C, Xu Y, et al. 2016. Organic geochemical characteristics of the Mesoproterozoic Hongshuizhuang Formation from northern China: Implications for thermal maturity and biological sources. Organic Geochemistry, 99: 23-37.

Luo Q, Zhong N, Wang Y, et al. 2015c. Provenance and paleoweathering reconstruction of the Mesoproterozoic Hongshuizhuang Formation (1. 4 Ga), northern North China. International Journal of Earth Sciences, 104(7): 1701-1720.

Lyons T W, Reinhard C T, Planavsky N J. 2014. The rise of oxygen in Earth's early ocean and atmosphere. Nature, 506(7488): 307-315.

Ma K, Hu S, Wang T, et al. 2017. Sedimentary environments and mechanisms of organic matter enrichment in the Mesoproterozoic Hongshuizhuang Formation of northern China. Palaeogeography, Palaeoclimatology, Palaeoecology, 475: 176-187.

Meng Q R, Wei H H, Qu Y Q, et al. 2011. Stratigraphic and sedimentary records of the rift to drift evolution of the northern North China craton at the Paleo-to Mesoproterozoic transition. Gondwana Research, 20(1): 205-218.

Noffke N. 2015. Ancient sedimentary structures in the <3. 7 Ga Gillespie Lake Member, Mars, that resemble macroscopic morphology, spatial associations, and temporal succession in terrestrial microbialites. Astrobiology, 15(2): 169-192.

Och L, Shields G A. 2012. The Neoproterozoic Oxygenation Event: Environmental perturbations and biogeochemical cycling. Earth-Science Reviews, 110: 26-57.

Pei J, Yang Z, Zhao Y. 2006. A Mesoproterozoic paleomagnetic pole from the Yangzhuang Formation, North China and its tectonics implications. Precambrian Research, 151(1): 1-13.

Peng P. 2015. Precambrian mafic dyke swarms in the North China Craton and their geological implications. Science China Earth Sciences, 58(5): 649-675.

Peters S E, Gaines R R. 2012. Formation of the 'Great Unconformity' as a trigger for the Cambrian explosion. Nature, 484(7394): 363-366.

Planavsky N J, Cole D B, Reinhard C T, et al. 2016. No evidence for high atmospheric oxygen levels 1400 million years ago. Proceedings of the National Academy of Sciences, 113(19): E2550-E2551.

Planavsky N J, McGoldrick P, Scott C T, et al. 2011. Widespread iron-rich conditions in the mid-Proterozoic ocean. Nature, 477(7365): 448-451.

Planavsky N J, Reinhard C T, Wang X, et al. 2014. Low Mid-Proterozoic atmospheric oxygen levels and the delayed rise of animals. Science, 346(6209): 635-638.

Planavsky N J, Rouxel O J, Bekker A, et al. 2010. The evolution of the marine phosphate reservoir. Nature, 467(7319): 1088-1090.

Poulton S W, Canfield D E. 2011. Ferruginous conditions: A dominant feature of the ocean through Earth's history. Elements, 7(2): 107-112.

Prokoph A, Ernst R E, Buchan K L. 2004. Time-series analysis of large igneous provinces: 3500 Ma to present: Journal of Geology, 112: 1-22.

Riding R. 2011. Microbialites, stromatolites, and thrombolites, Encyclopedia of Geobiology. Springer, 635-654.

Shang M, Tang D, Shi X, et al. 2019. A pulse of oxygen increase in the early Mesoproterozoic ocean at ca. 1.57-1. 56 Ga. Earth and Planetary Science Letters, 527.

Shen B, Ma H, Ye H, et al. 2018. Hydrothermal origin of syndepositional chert bands and nodules in the Mesoproterozoic Wumishan Formation: Implications for the evolution of Mesoproterozoic cratonic basin, North China. Precambrian Research, 310: 213-228.

Shi M, Feng Q, Khan M Z, et al. 2017b. An eukaryote-bearing microbiota from the early mesoproterozoic Gaoyuzhuang Formation, Tianjin, China and its significance. Precambrian Research, 303: 709-726.

Shi M, Feng Q L, Khan M Z, et al. 2017a. Silicified microbiota from the Paleoproterozoic Dahongyu Formation, Tianjin, China. Journal of Paleontology, 91(3): 369-392.

Stow D A. 2005. Sedimentary Rocks in the Field: A Color Guide. London: Manson Publishing.

Su D, Qiao X, Sun A, et al. 2014. Large earthquake-triggered liquefaction mounds and a carbonate sand volcano in the Mesoproterozoic Wumishan Formation, Beijing, North China. Geological Journal, 49(1): 69-89.

Su W, Zhang S, Huff W D, et al. 2008. SHRIMP U-Pb ages of K-bentonite beds in the Xiamaling Formation: Implications for revised subdivision of the Meso-to Neoproterozoic history of the North China Craton. Gondwana Research, 14(3): 543-553.

Sun J F, Yang J H, Wu F Y, et al. 2012. Precambrian crustal evolution of the eastern North China Craton as revealed by U-Pb ages and Hf isotopes of detrital zircons from the Proterozoic Jing'eryu Formation. Precambrian Research, 200: 184-208.

Tang D, Shi X, Jiang G, et al. 2013b. Environment controls on Mesoproterozoic thrombolite morphogenesis: A case study from the North China Platform. Journal of Palaeogeography, 2(3): 275-296.

Tang D, Shi X, Jiang G, et al. 2013c. Microfabrics in Mesoproterozoic Microdigitate Stromatolites: Evidence of Biogenicity and Organomineralization at Micron and Nanometer Scales. Palaios, 28(3): 178-194.

Tang D, Shi X, Jiang G, et al. 2017a. Ferruginous seawater facilitates the transformation of glauconite to chamosite: An example from the Mesoproterozoic Xiamaling Formation of North China. American Mineralogist, 102(11): 2317-2332.

Tang D, Shi X, Jiang G, et al. 2018. Stratiform siderites from the Mesoproterozoic Xiamaling Formation in North China: Genesis and environmental implications. Gondwana Research, 58: 1-15.

Tang D, Shi X, Jiang G. 2013a. Mesoproterozoic biogenic thrombolites from the North China platform.

International Journal of Earth Sciences, 102(2): 401-413.

Tang D, Shi X, Jiang G. 2014. Sunspot cycles recorded in Mesoproterozoic carbonate biolaminites. Precambrian Research, 248: 1-16.

Tang D, Shi X, Ma J, et al. 2017b. Formation of shallow-water glaucony in weakly oxygenated Precambrian ocean: an example from the Mesoproterozoic Tieling Formation in North China. Precambrian Research, 294: 214-229.

Tang D, Shi X, Shi Q, et al. 2015. Organomineralization in Mesoproterozoic giant ooids. Journal of Asian Earth Sciences, 107: 195-211.

Tang D, Shi X, Wang X, et al. 2016. Extremely low oxygen concentration in mid-Proterozoic shallow seawaters. Precambrian Research, 276: 145-157.

Tosti F, Riding R. 2016. Fine - grained agglutinated elongate columnar stromatolites: Tieling Formation, ca 1420 Ma, North China. Sedimentology, 64(4): 871-902.

Tosti F, Riding R. 2017. Current molded, storm damaged, sinuous columnar stromatolites: Mesoproterozoic of northern China. Palaeogeography, Palaeoclimatology, Palaeoecology, 465: 93-102.

Tucker M E. 2003. Sedimentary rocks in the field. John Wiley & Sons.

Wan B, Tang Q, Pang K, et al. 2019. Repositioning the Great Unconformity at the southeastern margin of the North China Craton. Precambrian Research, 324: 1-17.

Wang H, Zhang Z, Li C, et al. 2020a. Spatiotemporal redox heterogeneity and transient marine shelf oxygenation in the Mesoproterozoic ocean. Geochimica et Cosmochimica Acta, 270: 201-217.

Wang X, Zhang S, Wang H, et al. 2017a. Oxygen, climate and the chemical evolution of a 1400 million year old tropical marine setting. American Journal of Science, 317(8): 861-900.

Wang X, Zhang S, Wang H, et al. 2017b. Significance of source rock heterogeneities: A case study of Mesoproterozoic Xiamaling Formation shale in North China. Petroleum Exploration and Development, 44(1): 32-39.

Wang X, Zhao W, Zhang S, et al. 2018. The aerobic diagenesis of Mesoproterozoic organic matter. Scientific Report, 8(1): 13324.

Wang Z, Wang X, Shi X, et al. 2020b. Coupled nitrate and phosphate availability facilitated the expansion of eukaryotic life at ca. 1. 56 Ga. Journal of Geophysical Research: Biogeosciences, 125(4): e2019JG005487.

Warthmann R, Vasconcelos C, Bittermann A G, et al. 2011. The Role of Purple Sulphur Bacteria in Carbonate Precipitation of Modern and Possibly Early Precambrian Stromatolites, Advances in Stromatolite Geobiology. Berlin, Heidelberg: Springer Berlin Heidelberg: 141-149.

Xie L, Sun Y, Yang Z, et al. 2013. Evaluation of hydrocarbon generation of the Xiamaling Formation shale in Zhangjiakou and its significance to the petroleum geology in North China. Science China Earth Sciences, 56(3): 444-452.

Yang H, Chen Z Q, Fang Y. 2017. Microbially induced sedimentary structures from the 1. 64 Ga Chuanlinggou Formation, Jixian, North China. Palaeogeography, Palaeoclimatology, Palaeoecology, 474: 7-25.

Ying J F, Zhou X H, Su B X, et al. 2011. Continental growth and secular evolution: Constraints from U-Pb ages and Hf isotope of detrital zircons in Proterozoic Jixian sedimentary section (1. 8-0. 8 Ga), North China

Craton. Precambrian Research, 189(3): 229-238.

Yun Z. 1984. A Gunflint type of microfossil assemblage from early Proterozoic stromatolitic cherts in China. Nature, 309: 547-549.

Zhai M, Hu B, Zhao T, et al. 2015. Late Paleoproterozoic-Neoproterozoic multi-rifting events in the North China Craton and their geological significance: A study advance and review. Tectonophysics, 662: 153-166.

Zhang K, Zhu X, Wood R A, et al. 2018a. Oxygenation of the Mesoproterozoic ocean and the evolution of complex eukaryotes. Nature Geoscience, 11(5): 345-350.

Zhang S, Wang X, Hammarlund E U, et al. 2015a. Orbital forcing of climate 1. 4 billion years ago. Proceedings of the National Academy of Sciences, 112(12): E1406-E1413.

Zhang S, Wang X, Wang H, et al. 2016. Sufficient oxygen for animal respiration 1400 million years ago. Proceedings of the National Academy of Sciences, 113(7): 1731-1736.

Zhang S, Wang X, Wang H, et al. 2019. Paleoenvironmental proxies and what the Xiamaling Formation tells us about the mid-Proterozoic ocean. Geobiology, 17(3): 225-246.

Zhang S H, Ernst R E, Pei J L, et al. 2018b. A temporal and causal link between ca. 1380 Ma large igneous provinces and black shales: Implications for the Mesoproterozoic time scale and paleoenvironment. Geology, 46(11): 963-966.

Zhang S H, Zhao Y, Li X H, et al. 2017. The 1. 33-1. 30 Ga Yanliao large igneous province in the North China Craton: Implications for reconstruction of the Nuna (Columbia) supercontinent, and specifically with the North Australian Craton. Earth and Planetary Science Letters, 465: 112-125.

Zhang Y B, Li Q L, Lan Z W, et al. 2015b. Diagenetic xenotime dating to constrain the initial depositional time of the Yan-Liao Rift. Precambrian Research, 271: 20-32.

Zhao C, Shi M, Feng Q, et al. 2020. New study of microbial mats from the Mesoproterozoic Jixian Group, North China: Evidence for photosynthesis and oxygen release. Precambrian Research, 344: 105734.

Zhu S, Chen H. 1995. Megascopic multicellular organisms from the 1700-million-year-old Tuanshanzi Formation in the Jixian area, North China. Science, 270(5236): 620-622.

Zhu S, Sun S, Huang X, et al. 2000. Discovery of carbonaceous compressions and their multicellular tissues from the Changzhougou formation (1800 Ma) in the Yanshan range, North China. Chinese Science Bulletin, 45(9): 841-847.

Zhu S, Zhu M, Knoll A H, et al. 2016. Decimetre-scale multicellular eukaryotes from the 1. 56-billion-year-old Gaoyuzhuang Formation in North China. Nature Communication, 7: 11500.

Zhu Y S, Yang J H, Wang H, et al. 2020. Mesoproterozoic (～ 1. 32 Ga) modification of lithospheric mantle beneath the North China craton caused by break-up of the Columbia supercontinent. Precambrian Research, 342: 105674.

Zou Y, Liu D, Zhao F, et al. 2019. Reconstruction of nearshore chemical conditions in the Mesoproterozoic: evidence from red and grey beds of the Yangzhuang formation, North China Craton. International Geology Review, 62(11): 1433-1449.

第3章 华北克拉通破坏的岩石与构造证据
——云蒙杂岩构造解析

3.1 背景知识

3.1.1 华北克拉通破坏

华北克拉通位于欧亚大陆的东部，是目前世界上唯一得到证实的原有巨厚太古宙岩石圈遭受强烈破坏及巨量减薄的克拉通（图 3-1）。岩石圈的破坏和减薄伴随着一系列强烈的构造、岩浆及成矿作用，在全球极为少见，多年来一直是中国地球科学研究的核心问题，也构成了具有"中国特色"的国际地学研究热点（朱日祥等，2012）。自从 1992 年华北岩石圈减薄被提出以来，克拉通破坏的研究已经持续了 20 多年，积累了非常多的研究成果。迄今为止，围绕这一科学问题国内外已经有大量的论文发表，主要涉及岩石圈的减薄时间（Griffin et al., 1998）、减薄记录与过程（Griffin et al., 1998;

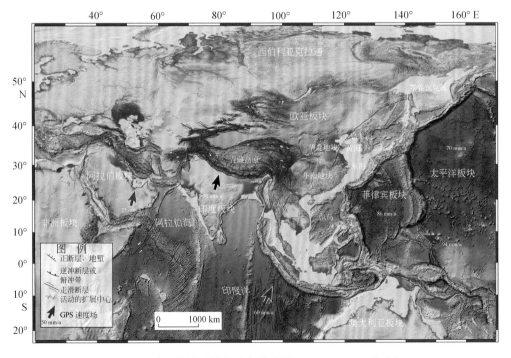

图 3-1 欧亚大陆及周缘造山带（据 Fu et al., 2011 修改）

Gao et al., 2002）、减薄机制（邓晋福等，1996），以及华北岩石圈深部构造（Chen et al., 2006）等问题。这些研究成果已经引起国际地质学界的广泛关注，使华北克拉通破坏成为当今国际地球科学领域的前沿问题。

3.1.1.1 华北克拉通破坏问题的提出和由来

华北克拉通破坏的内涵主要表现为两点，一是华北克拉通东部自晚古生代以来有超过 80 km 的岩石圈地幔发生了丢失（Fan and Menzies，1992），二是岩石圈地幔物理和化学性质发生了根本改变（Gao et al., 2002；Wu et al., 2006）。

我国华北克拉通破坏问题的提出是由华北岩石圈减薄所引出的。最先指出我国华北岩石圈减薄问题的是地球化学家和岩石学家（Fan et al., 1992；Menzies et al., 1993）。岩石学研究表明，古生代（约 480 Ma）金伯利岩中作为地幔岩的石榴子石橄榄岩包体与伴生金刚石中所含矿物捕掳体制约当时岩石圈的厚度约为 200 km，显示了较深的源区，地幔岩岩石类型表现为方辉橄榄岩（Harzburgite；Meyer et al., 1994）；而新生代玄武岩中地幔橄榄岩包裹体则以尖晶石二辉橄榄岩（lherzolite）为主，指示了相对较浅的源区，所制约的岩石圈厚度最浅仅为 75 km 或更薄，这表明华北克拉通东部古老的岩石圈存在大规模减薄，其最大幅度可达 120 km（图 3-2；Fan et al., 1992）。Sr-Nb-Hf 同位素地球化学研究表明岩石圈地幔经历了从古生代富集地幔向新生代亏损地幔的转变（Zhang et al., 2002；张宏福等，2004）。Os 同位素研究发现，古生代岩石圈地幔的形成年龄与上覆地壳一致，为太古宙；而根据新生代玄武岩中橄榄岩包裹体的研

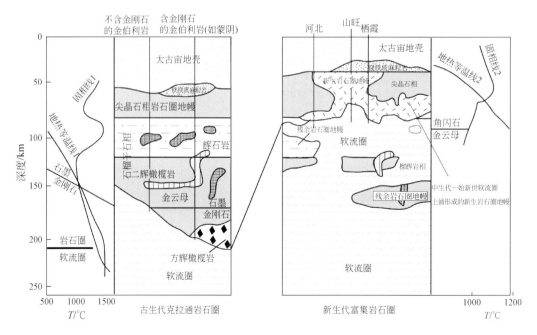

图 3-2　中国东部岩石圈底界示意图（据 Zheng et al., 2005 修改）

早古生代金伯利岩指示了岩石圈的厚度为 200 km，新生代的地球物理资料、玄武岩包体
指示了岩石圈的厚度为 60～80 km

究，指示新生代岩石圈地幔具有显生宙"大洋岩石圈地幔"的地球化学特点。通过对华北岩石圈地热性质的研究发现古生代的热流值与稳定克拉通一致，约为 40 mW/m^2；新生代的热流值具有大陆裂谷的特征，增大到 80 mW/m^2；现今华北克拉通东部渤海湾盆地内部的热流值为 65 mW/m^2（Griffin et al.，1998；Menzies and Xu，1998）。现代地震资料显示，华北克拉通东部岩石圈普遍遭受了减薄（< 100 km），尤其在渤海湾盆地内部；而中、西部表现为厚、薄岩石圈共存的不均一性空间分布，最厚可达 200 km（图 3-3）。从时间上，幔源岩浆显示其源区具有从岩石圈地幔向软流圈地幔转变的特征。在华北克拉通破坏过程中，岩浆作用中地幔组分的参与是其主要表现之一。地壳伸展背景下发育的 A 型花岗岩广泛分布于华北克拉通东部。同时作为稳定克拉通罕见的岩浆作用和地震事件在华北克拉通东部广泛发育（图 3-4 和图 3-5）。种种现象表明，华北克拉通岩石圈自古生代以来发生了百余千米的岩石圈"丢失"。古生代时期巨厚的岩石圈根部在中生代以来的岩石圈扩张、软流圈上升等综合地质过程中被侵蚀掉，代之以新增生的地球化学特征为大洋型的岩石圈地幔，导致岩石圈地幔在化学性质方面发生了巨大的变化。晚中生代以来发生的大规模岩石圈减薄，是华北克拉通破坏的重要表现形式，它既是中国大陆显生宙时期发生的重大地质事件之一，也是中国大陆地学研究中几个具有中国地域特色的地质问题之一。

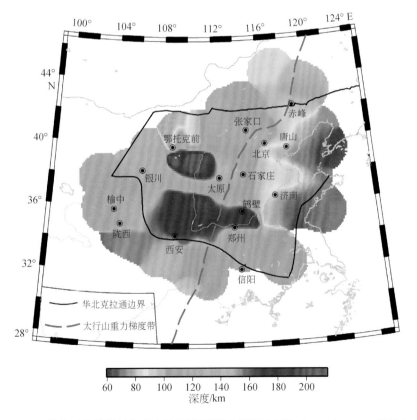

图 3-3　接收函数获得的华北克拉通岩石圈厚度模型（据 Zhu et al.，2017 修改）

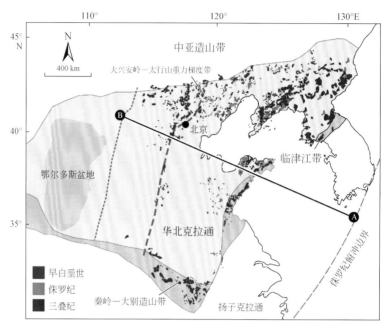

图 3-4　华北克拉通东部广泛发育的岩浆作用（据 Wu et al., 2019 修改）

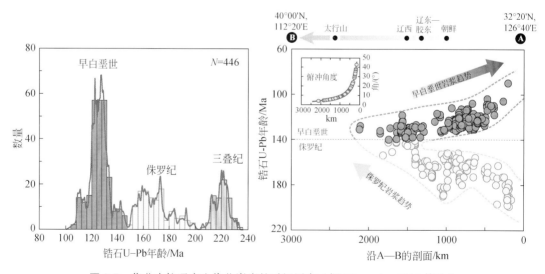

图 3-5　华北克拉通中生代花岗岩的时间展布（据 Wu et al., 2019 修改）

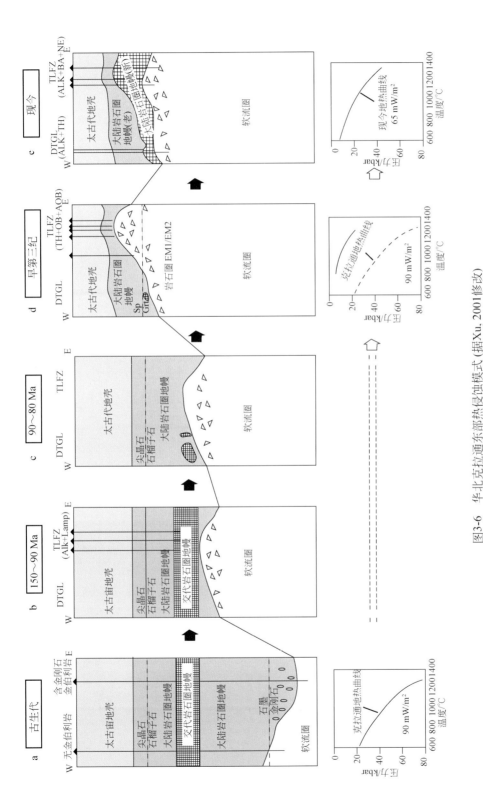

图3-6　华北克拉通东部深部热侵蚀模式 (据Xu, 2001修改)

DTGL. 大兴安岭—太行山重力梯度带；TLFZ. 郯庐断裂；TH. 拉斑玄武岩；OB. 橄榄玄武岩；BA. 碧玄岩；AOB. 碱性橄榄玄武岩；ALK. 碱性玄武岩；NE. 霞石岩；Lamp. 钾镁煌斑岩

3.1.1.2　华北克拉通破坏的时间

多数研究人员认为华北克拉通破坏起始于侏罗纪（邓晋福等，1994）或三叠纪（Gao et al.，1998）；一些地质学家认为华北克拉通破坏主体发生在新生代（Griffin et al.，1998）；也有人认为经历了多次程度不同的复杂过程（Yang et al.，2009）。但是关于华北克拉通破坏的峰期发生时间则取得了相当的共识：早白垩世（140～115 Ma）。

3.1.1.3　华北克拉通破坏机制、控制因素和动力学背景

有关克拉通破坏在垂向上发生的幅度方面存在较多争议，主要集中体现在克拉通破坏发生的深度，即对于垂向上岩石圈破坏幅度的认识：岩石圈破坏发生在岩石圈地幔的内部还是包含有地壳的减薄。大多数研究人员认为岩石圈减薄只表现为岩石圈地幔的减薄，现今的岩石圈地幔是减薄后的残留（Menzies et al.，1993）。但也有观点认为，垂向破坏已涉及地壳，应是部分下地壳连同下部的岩石圈地幔一同被破坏（移离）（Griffin et al.，1998）。

华北克拉通的破坏或岩石圈减薄机制也是目前争论最激烈的问题。目前克拉通破坏的模型有以下6种：拆沉作用（Lin and Wang，2006）；热侵蚀作用（Xu，2001；图3-6）；橄榄岩-熔体相互作用（Zhang et al.，2002）；机械拉张作用；岩浆抽离作用（Chen et al.，2004）；岩石圈地幔水化模型（Niu et al.，2005）。其中前两种模型为大家普遍接受和讨论。拆沉作用的本质是指岩石圈由于重力的不稳定性而导致的重力垮塌。一种观点认为，在拆沉过程中，加厚的下地壳因变成密度更高的榴辉岩从而与下伏岩石圈地幔一起拆沉进入软流圈。因此，拆沉作用的驱动力来源于榴辉岩与橄榄岩之间的密度差。华北克拉通内部中、新生代火山岩及榴辉岩包体的研究及幕式岩浆活动均为此提供了岩石学及地球化学的证据。但是在拆沉过程中，岩石圈是部分缓慢拆沉还是整体拆沉，仍存在着不确定性，而且对于现代岩石圈结构还不能很好的解释。热侵蚀作用是指由于上涌软流圈所携带的热量导致岩石圈底部物质发生软化，在软流圈对流作用下进入软流圈，而成为软流圈一部分的过程，主要包括热-机械剥蚀作用和热-化学侵蚀作用。热-机械剥蚀作用侧重于软流圈对上覆岩石圈的多次重复软化剥蚀作用；热-化学侵蚀作用则强调深部熔体以空隙流的方式进入并侵蚀岩石圈。华北克拉通中生代大规模以岩石圈地幔为源区的岩浆活动，为此提供了重要依据，但依然无法解释所需热量来源问题及华北克拉通地壳偏长英质的特点。前人研究表明，无论拆沉作用、热侵蚀作用还是橄榄岩-熔体相互作用均认为橄榄岩-熔体反应在克拉通破坏中起着重要作用（徐义刚等，1999）。此外，在拆沉作用过程中，进入软流圈地幔的榴辉岩发生部分熔融，产生的长英质熔体与岩石圈地幔橄榄岩反应而形成辉石岩。在热-机械剥蚀作用过程中，进入软流圈的熔融体进一步发生热化学反应或变质作用，造成岩石圈底部的重力不稳定性（徐义刚，1999）。因此，华北克拉通破坏不是由某一单一模式可以解释的，可能是多种模式相互作用的共同产物。

华北克拉通破坏的构造控制因素是现在大家争论的热点问题，目前主要有以下7种（图3-7）：（古）太平洋板块的俯冲使华北克拉通破坏发生在弧后拉张背景下，

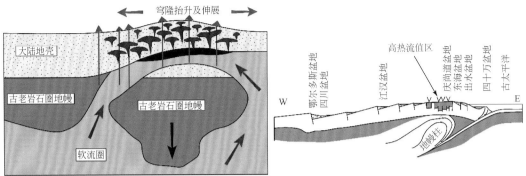

a. 华北克拉通拆沉模型(据Wu et al., 1997修改)

b. 热柱模型(据Okada, 2000修改)

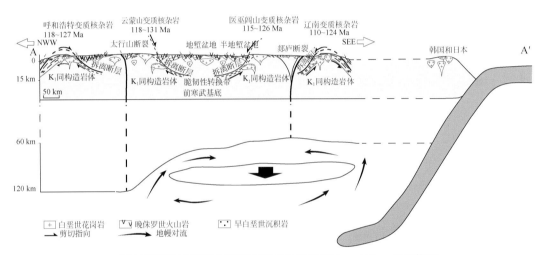

c. 俯冲诱导拆沉导致地表伸展构造的发生模型(据Lin and Wang, 2006修改)

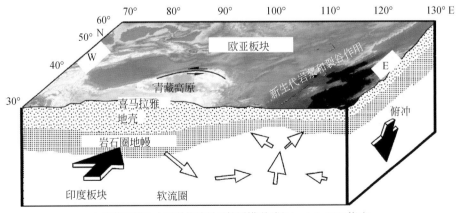

d. 印藏碰撞及太平洋俯冲弧后扩展模型 (据Liu et al., 2004修改)

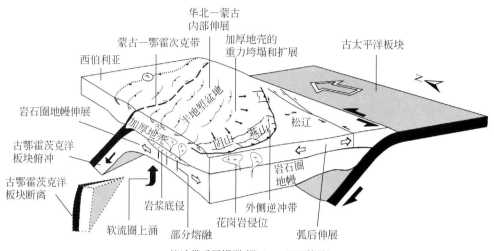

e. 俯冲带后展模型(据Meng, 2003修改)

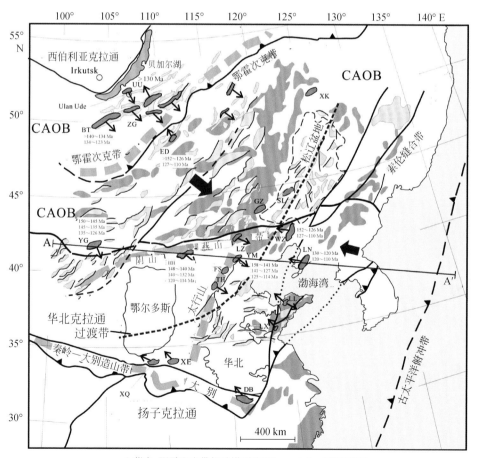

f. 蒙古-鄂霍次克带相关模型(据Wang et al., 2012修改)

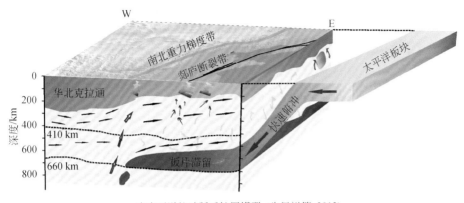

g. 古太平洋俯冲弧后扩展模型 (朱日祥等, 2012)

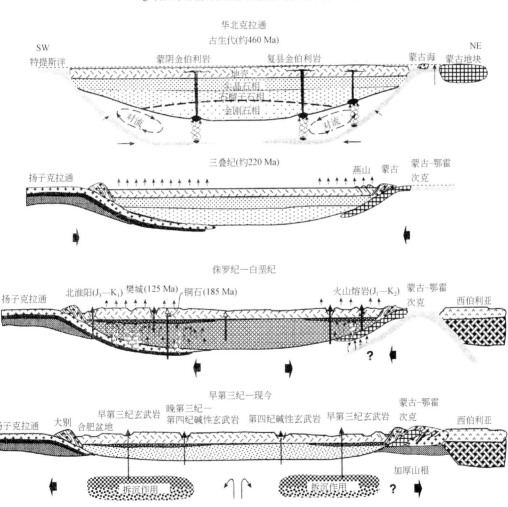

h. 中国大陆南北汇聚的造山后地质过程(据Zhang et al., 2003修改)

图 3-7　华北克拉通破坏的各种地质模型

俯冲方向和角度的变化控制了区域拉张方向；关于印度板块与欧亚板块碰撞的影响（Menzies et al.，1993），刘勉等通过地球物理模拟也提出了相应的看法（Liu et al.，2004）；地幔柱作用的结果（路凤香等，2000）；扬子同华北板块碰撞拼合所造成地壳加厚，导致了后者岩石圈的加厚，地壳下部形成了大量的榴辉岩，进而导致中生代晚期拆沉作用造成了减薄的发生（Menzies and Xu，1998）；西伯利亚板块与华北板块在晚古生代末的碰撞，造成古亚洲洋的关闭，被认为是华北克拉通破坏的最早诱因（徐义刚等，2009），一些学者认为蒙古板块与华北克拉通的碰撞形成了 Mongol-Okhotsk 碰撞带，而后期俯冲板片的断离造成华北克拉通北缘处于伸展状态（Zorin et al.，1999）；周边板块多向俯冲汇聚作用，导致华北克拉通岩石圈的加厚和地幔对流，在显生宙，华北克拉通所受到的俯冲作用包括东部太平洋板块的俯冲、北部古亚洲洋的俯冲、西部特提斯洋的俯冲以及南部扬子与华北板块之间大洋的俯冲（董树文等，2007）；周缘因素诱发导致华北克拉通东部岩石圈早期的渐次移离，而且早白垩世发生大规模的拆沉作用（图 3-7；Lin and Wang，2006）。

由于破坏峰期同碰撞时间的不耦合，目前已较少有人认同印度板块同欧亚板块碰撞直接造成了东部的克拉通破坏，但是它能够解释新生代太行山山前断裂以西拉分裂谷成因的部分动力学机制。我国东部具有同中生代克拉通破坏相关的地表特征，如火山岩及岩浆岩分布，断陷盆地和伸展成因的变质穹隆长轴展布方向等呈 NE—SW 向线状展布，而且同期的沉积作用并没有体现出诸如四川峨眉山地幔柱形成时所具有的沉积特点；地球物理测量结果表明：华北岩石圈下部存在一个被认为与太平洋板块向西持续俯冲有关的巨石体（Zhao et al.，1997）。以上这些证据在时空域上使地幔柱的观点越来越受到人们的质疑。高山等人认为，华北岩石圈的减薄是由于扬子和华北板块的拼合造成地壳加厚—拆沉的结果（Gao et al.，2002）。这一认识同样受到挑战：如果板块拼合造成地壳加厚是产生减薄的动力学机制的话，那么减薄作用整体的构造线方向应该平行于造山带的走向，即 NW—SE 方向，这同我们在华北地区观察到的构造现象相矛盾；同时，早侏罗世超高压榴辉岩砾石的发现表明，同造山期的伸展作用在大别和苏鲁地区普遍存在（Faure et al.，1999），也就是说，同世界上其他很多造山带一样，同造山所形成的加厚的岩石圈在造山晚期已经发生了断离（slab break-off）和拆沉作用（delamination），并不像华北克拉通破坏发生的那样晚。目前最流行也是最容易被人接受的观点认为，华北地区的克拉通破坏是东侧太平洋板块俯冲的结果（邓晋福等，1996）；我国东部的总体地表构造走向也同这个观点相符，但是这种观点同样无法解释为何白垩纪火山、岩浆作用和断陷盆地及伸展穹隆广泛展布于从蒙古‐鄂霍次克带到华南内陆，并且宽度超过了 3 000 km 的范围（林伟等，2013）。

尽管地质学家对华北克拉通破坏的研究已经开展了十几年，但对于华北克拉通破坏的时空分布与动力学机制至今尚无定论，对华北克拉通破坏的研究主要侧重于岩石圈地幔方面，而对地壳的研究相对薄弱。事实上，老一辈科学家早就认识到中生代以来华北地区所发生的一系列浅部构造事件，如大规模的构造变形和岩浆活动，多种类型沉积盆地的发育，大量金属矿产的形成等，但将其归因于"燕山运动"或"地台活化"，认为其驱动力在地壳中。板块构造理论把人们的视野扩大到岩石圈及更深圈层。显然，华北克拉通破坏这一深部过程除引起以化学过程为主的壳幔相互作用及相关的岩浆作用外，还会在浅部引起以物理过程为主的地质响应，如地温场的变化、大型断陷盆地的发育、大型伸展作用、大型走滑作用、大规模陆内旋转、大尺度构造地貌变迁等。

3.1.1.4　欧亚大陆东部晚中生代伸展构造（穹隆及其相关的拉分盆地）是华北克拉通破坏的浅表构造地质学表现

华北克拉通破坏这一深部过程除引起以化学过程为主的壳幔相互作用及相关的岩浆活动外，还会在浅部引起构造地质响应。华北地区早白垩世发育大规模的伸展构造和岩

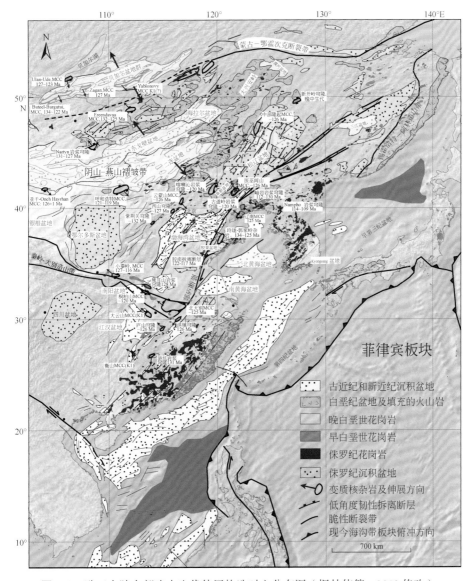

图 3-8　欧亚大陆东部晚中生代伸展构造时空分布图（据林伟等，2013 修改）

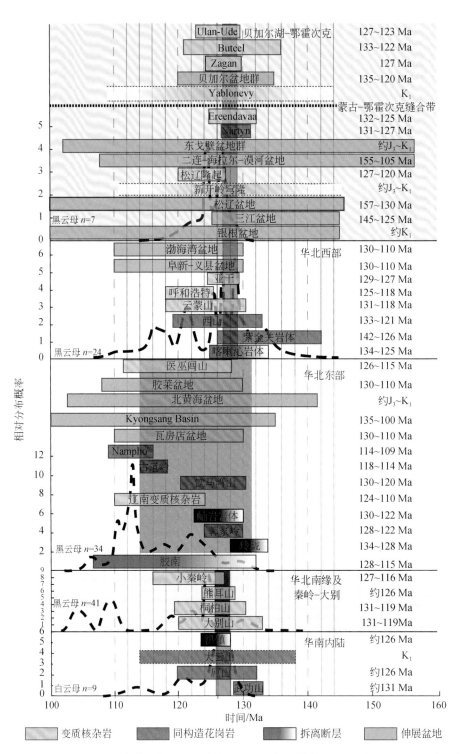

图 3-9　欧亚大陆东部晚中生代伸展构造时空分布平面图（据林伟等，2013 修改；相关年代学资料的参考文献参见正文）

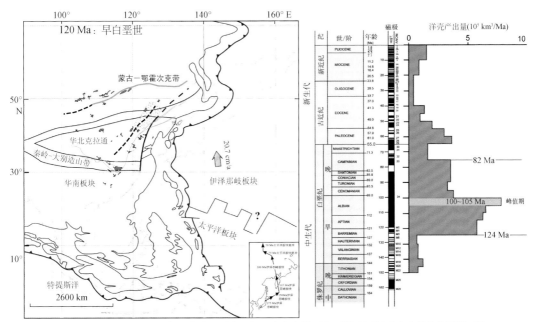

a. 欧亚大陆东缘120 Ma左右古地理重建图解及晚中生代西太平洋地区洋壳产出量变化图解 (据 Engebretson et al., 1985；Northrup et al., 1995和Maruyama et al., 1997修改)

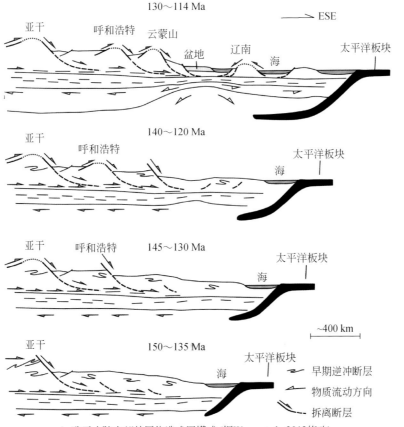

b. 欧亚大陆东部伸展构造成因模式 (据Wang et al., 2012修改)

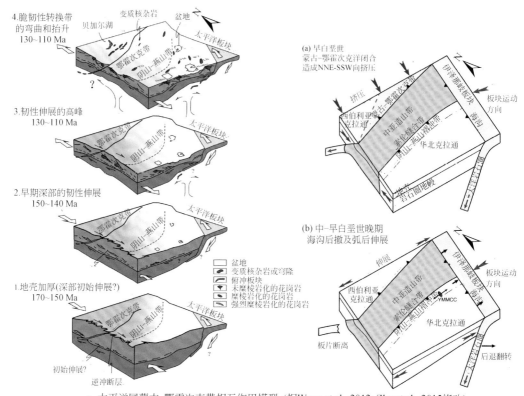

图 3-10   欧亚大陆晚中生代大地构造背景及伸展构造动力学机制地质模型

浆作用在时空域上同克拉通破坏具有很好的相关性（Yang et al.，2005），如大型断陷盆地的发育（李思田，1994）、大规模伸展穹隆和变质核杂岩（Davis et al.，1996）、大型走滑构造（Xu et al.，1987）、大规模陆内旋转等（Lin et al.，2003；图 3-8）。如前面所介绍的，虽然对破坏开始的时间有所争议，但对于破坏的峰期发生在 140～115 Ma 则是取得了相当的共识。而这个时间恰恰是我国东部大规模岩浆活动、断陷盆地和一系列拆离正断层及其所控制的伸展穹隆形成的峰期时间。以研究区伸展成因的变质穹隆和岩浆穹隆为例：金州穹隆形成于 124～110 Ma，医巫闾山穹隆形成于 126～115 Ma，喀喇沁穹隆形成于 134～125 Ma，云蒙山穹隆形成于 131～118 Ma，呼和浩特穹隆形成于 127～118 Ma。同样，华北南缘的罗田穹隆形成于 131～119 Ma，庐山穹隆形成于 126 Ma，洪镇穹隆形成于 126 Ma。所有这些成因相关的伸展穹隆均在时空域上同华北的岩石圈减薄相对应。因此，地壳中发育的伸展构造可能是岩石圈深部减薄在浅部的重要响应，也是克拉通破坏在浅部的直接表现（Lin and Wang，2006）。广义的伸展构造包括伸展断层构造、变质核杂岩、伸展盆地及大规模发育的岩浆岩等，它们是区域伸展环境最直接的证据（王涛等，2007）。作为伸展构造的典型样式，变质核杂岩广泛发育于华北克拉通及其周缘地区（图 3-9 和图 3-10；林伟等，2013）。同时由于其将中下地壳的岩石拆离折返至地表，为我们直接研究地壳不同层次的岩石变形特征和构造演化过程提供了窗口，是揭示克拉通破坏、岩石圈减薄及地壳响应最为有效的方法（图 3-10）。

3.1.2　云蒙山变质核杂岩区域地质简介

3.1.2.1　燕山运动及其由来

燕山地区位于华北克拉通北部，为中生代形成的阴山 - 燕山纬向构造褶冲带，是燕山运动的命名地，也是研究中国东部中生代陆内构造运动的理想区域（Wong et al.，1927，1929）。早在 1920 年，叶良辅在编撰《北京西山地质志》时就提到髫髻山组之下存在一大不整合，之下的地层侵蚀作用强烈，但是没有意识到该不整合的区域地质意义。Wong（1927）正式提出燕山运动，认为发生在髫髻山组之前，有可能在髫髻山组与九龙山组之间，主要分布在华北东部及华南沿海地区。Wong（1929）在对辽西北票地区的地质考察后将燕山运动重新划分为 A 幕和 B 幕，A 幕和 B 幕之间为剧烈的火山活动和花岗岩体侵入，其中 A 幕即为 Wong（1927）定义的燕山运动，表现为宽缓的褶皱，发生在晚侏罗和早白垩之间，为燕山运动的"绪动"；B 幕为髫髻山组与之上地层的角度不整合，发生在早白垩之后，表现为强烈的褶皱和逆冲推覆构造，为燕山运动的主幕。丁文江（1929）提出燕山期运动，认为与海西运动和加里东运动一样重要，并认为燕山期运动不仅局限于 Wong（1929）所认为的华北地区，在中国西部和华南包括四川地区也存在。谢家荣（1937）认为髫髻山组与九龙山组之间应为整合接触关系，而九龙山底部为巨厚的底砾岩，与下伏的门头沟煤系（包括龙门组和窑坡组）呈不整合接触关系，应作为燕山 A 幕（表 3-1）。

随着研究的进一步细致深入，不同学者在最初定义的基础上，将燕山运动的含义进一步丰富，并对构造期次的划分提出了不同的观点。黄汲清（1959）认为髫髻山组相当于部分九龙山系，两者同时异相。随着华北地区中生代地层划分和认识的深入，后人在燕山地区识别出更多中生代的构造事件。赵宗溥（1959）在对区域中生代地层进行详细划分和对比后将燕山运动划分为四期，初期（J_2）为九龙山组或髫髻山组与门头沟煤系之间的不整合，相当于 Wong（1927，1929）的燕山 A 幕；次期（$J_2 \sim J_3$）为张家口组或义县组下的不整合，为燕山运动最强烈的一期，影响范围广泛；晚期为孙家湾组砾岩（K_1）下的不整合；末期为晚白垩的孙家湾组砾岩之后的逆冲变形，相当于 Wong（1927，1929）提出的燕山 B 幕。鲍亦冈等（1983）认为燕山运动从早侏罗世一直持续到早白垩世，将燕山运动分为三幕，第一幕为中侏罗世晚期—晚侏罗世早期，构造线走向为 NEE，第二幕为晚侏罗世—早白垩世，构造线走向为 NE 向；第三幕为早白垩世—晚白垩世，构造线走向 NNE（表 3-1）。

在可靠的同位素年代学测年引入后，通过对不整合上下地层的同位素年龄的测定，燕山运动的时限得到精确的限定。赵越等（2004）认为燕山运动代表了东亚构造体制的转折，即从汇聚碰撞体系向活动大陆边缘体系的转变，并通过燕山地区典型盆地的分析和地层的同位素测年，认为 Wong（1927，1929）的 A 幕为燕山运动的主幕，以髫髻山组之下的角度不整合为标志，同造山沉积为北京西山的龙门组和九龙山组或辽西的海防沟组，年龄限定在 175～160 Ma；中间幕以髫髻山组和蓝旗营组火山岩为代表，时代为 165～156 Ma，B 幕为张家口组与髫髻山组之间的不整合，同造山沉积为土城子组或后城组粗碎屑堆积，时代为 156～139 Ma。董树文等（2007）扩大了 Wong（1927，1929）提出的燕山运动，除了缩短变形外，加入了白垩纪伸展变形，具体将燕山运动分为三期，主幕为强挤压的陆内造山（165±5～136 Ma），伸展垮塌和岩石圈减薄（135～100 Ma），晚幕弱挤压变形期（100～83 Ma）。Davis 等（2001）在河北地区的研究将燕山褶皱冲断带侏罗纪变形分为三期：180 Ma 之前的向南的逆冲，中侏罗世和晚侏罗世早期的弱伸展，161～148/131 Ma 向北的逆冲（图 3-11）。

表 3-1　燕山地区侏罗纪—白垩纪地层对比表

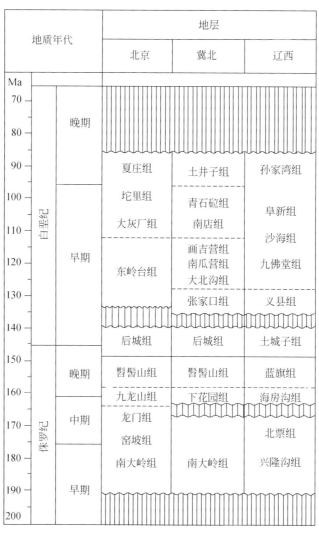

地质年代		地层		
		北京	冀北	辽西
白垩纪	晚期	夏庄组	土井子组	孙家湾组
	早期	坨里组	青石砬组	阜新组
		大灰厂组	南店组	
				沙海组
		东岭台组	画吉营组	九佛堂组
			南瓜营组	
			大北沟组	
			张家口组	义县组
		后城组	后城组	土城子组
侏罗纪	晚期	髫髻山组	髫髻山组	蓝旗组
		九龙山组	下花园组	海房沟组
	中期	龙门组		北票组
		窑坡组		
		南大岭组	南大岭组	兴隆沟组
	早期			

注：据赵越（1990）；赵越等（2002，2004）；Cope T D 等（2007）

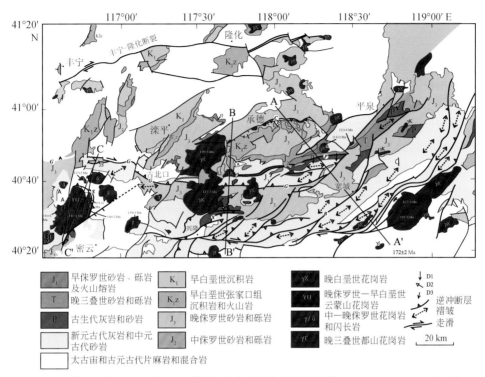

图 3-11　燕山承德地区 "燕山运动" 构造变形事件的表现（据 Faure et al.，2012 修改）

3.1.2.2　变质核杂岩与区域伸展构造

变质核杂岩的概念最早来源于北美盆岭省科迪勒拉带，最初被定义为由强烈变形的变质岩和深成岩组成的椭圆形穹隆构造，其环绕的韧性剪切带被定义为拆离断层，这一强变形带将其上部的未变质的沉积盖层与下部的变质岩分隔开来（Davis and Coney，1979）。变质核杂岩通常被认为存在三层结构：拆离断层上盘未变质沉积盖层构成了同伸展断陷盆地，下盘为较深变质的 "基底" 岩石，间或有未变形或弱变形的同构造侵入岩体，中间层由脆、韧性拆离断层组成（Davis and Coney，1979）。

变质核杂岩的一重要特征是将中、下地壳的物质沿拆离断层逐渐剥露至地表，将水平的应力（伸展）和垂直的应变（隆升）统一起来，为地壳深部物质的折返过程及其构造成因机制提供了最直接的证据（林伟等，2013）。其构造变形从下往上呈现由韧性变形向脆性断层过渡的特点，依次为（超糜棱岩）、糜棱岩、断层角砾岩、断层泥，甚至出现假玄武玻璃等，显示了在递进变形过程中变形温度逐渐降低、变形深度逐渐变浅的趋势。其浅部脆性构造的运动学指示与深部韧性构造相耦合，指示了不同层次的构造发生在相同应力场，代表了区域伸展背景。

华北板块及其周缘地区发育有众多与区域伸展作用相关的穹隆构造，如：俄罗斯贝加尔—蒙古国地区的 Ulan-Ude 变质核杂岩、Buteel 变质核杂岩、Zagan 变质核杂岩、Ereendavaa 变质核杂岩、Nartyn 岩浆穹隆、Yablonevy 变质核杂岩，我国中俄边境地区的新开岭穹隆、松辽盆地中部隆起，阴山—燕山地区的亚干变质核杂岩、呼和浩特变质核杂岩、房山穹隆、云蒙山变质核杂岩、喀喇沁穹隆、医巫闾山变质核杂岩、岫岩穹隆、古道岭穹隆、辽南变质核杂岩等，山东地区的玲珑变质核杂岩、胶南穹隆，华北南缘的北大别变质核杂岩、桐柏山背形构造、小秦岭变质核杂岩和华南内陆的洪镇穹隆、庐山穹隆、大云山穹隆、浒坑穹隆等。前人对这些穹隆进行了不同程度的研究，主要讨论了拆离正断层展布的几何形态，核部岩浆岩的年龄，热演化历史等。从空间分布上的，华北克拉通及其周缘地区的伸展构造由北向南大致可以分为以下 5 个区域：贝加尔‐鄂霍次克带（或称之为"泛贝加尔‐蒙古带"）；华北西部；华北东部；秦岭‐大别；华南内陆地区（图 3-8）。这些欧亚大陆东部发育的变质核杂岩所代表的伸展构造为我们分析这一巨型伸展构造区的动力学机制提供了良好的靶区，是我们认识中生代构造演化的关键。我们以北京北部的云蒙山为例介绍变质核杂岩的野外工作方法。

3.1.2.3　云蒙山周缘地层概述

云蒙山位于燕山构造带的中部，太行山脉的东侧（图 3-12），北京东北怀柔和密云县境内，距北京城区约 75 km。云蒙山特殊的地理位置以及岩体晚侏罗世至早白垩世经历了多期的构造变形，使其很早就受到了地质学家的广泛关注。

云蒙山的主体是早白垩世花岗闪长岩，周围由太古宙基底片麻岩、中晚元古代及古生代的碳酸盐岩和碎屑岩以及侏罗纪的火山岩及火山碎屑岩、稍早侵位于中元古代变质沉积岩中的晚侏罗世石城闪长岩组成。云蒙山中部为白垩纪花岗闪长岩岩基，并为多期花岗质岩脉所穿切（图 3-13）。

云蒙山地区出露的地层包括太古宇四合堂群片麻岩，中‐新元古界长城系、蓟县系和青白口系的碳酸盐岩和碎屑岩，下古生界以寒武系为主的灰岩和中生界侏罗系髫髻山组安山质火山岩和火山碎屑岩。

1. 云蒙山地区太古宇分布

太古宇是本区出露最古老的岩石，主要分布于密云、怀柔一带。原岩建造通常认为以火山‐沉积岩系为主，遭受多期变形、变质作用及不同程度的混合岩化作用。太古宙变质地层以各种黑云、角闪、辉石质斜长片麻岩和各种变粒岩为主，斜长角闪岩、辉石麻粒岩与磁铁石英岩常呈层状、似层状或透镜状夹层，局部有少量各种浅粒岩，而没有大理岩。根据区域构造变形序列及形态特征、变质建造及原岩建造类型、变质相、岩浆侵位、同位素年龄、含矿性，本区太古宇划分为新太古界密云群和新太古界四合堂群（图 3-14）。

上太古界密云群的基本特点：

（1）密云群的下部为黑云角闪二辉斜长片麻岩‐二辉麻粒岩，中部为黑云斜长片麻岩‐变粒岩‐石榴角闪二辉麻粒岩，上部为榴辉黑云变粒岩‐石榴斜长辉石（角闪）岩。其原岩是一套中基性‐中酸性火山岩和火山‐沉积岩建造。

（2）密云群岩石普遍受到新太古代末期强烈的麻粒岩相区域变质作用，并在古元古代晚期叠加了角闪岩相变质作用。退变质作用发育。麻粒岩的数量自下而上减少。密

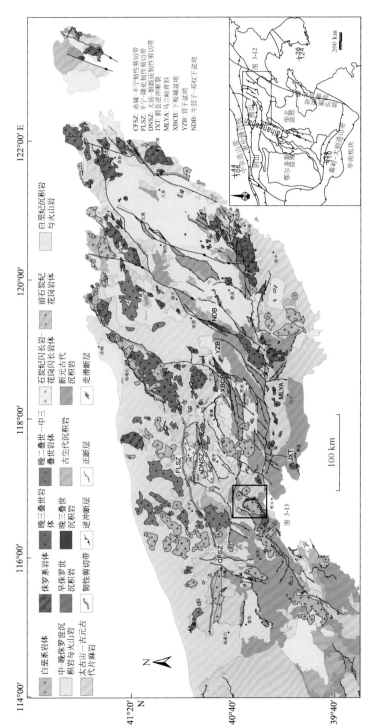

图3-12　燕山褶皱冲断带

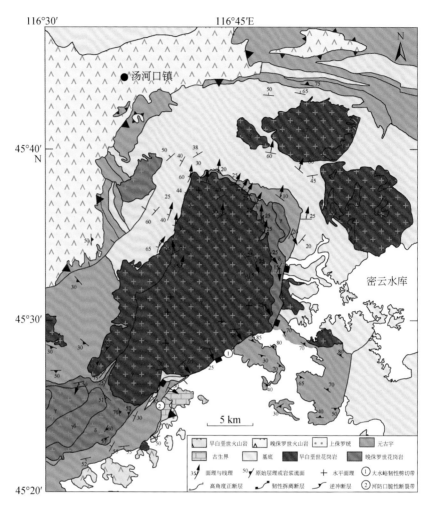

图 3-13　云蒙山构造地质图

云群的上部地层为角闪岩相，并分布于麻粒岩外侧，反映了不同层位（由深到浅）连续递进区域变质作用的特点。

（3）下部岩层成层性较差，愈向上成层愈好、延伸愈稳定，石榴斜长辉石岩和斜长角闪岩、浅粒岩可作标志层。下部和上部都出现基性岩和中、酸性岩呈明显的韵律互层。

（4）混合岩化作用不十分强烈，以重熔型为主，伴有碱交代作用。

（5）铁矿主要赋存于沙厂组的上部和大漕组中下部，并形成工业矿床。

新太古界四合堂群主要出露于密云北部、怀柔和平谷地区，由一套经历了角闪岩相区域变质作用及动力变质作用叠加的黑云角闪质斜长片麻岩、变粒岩、片岩、斜长角闪岩（片岩），浅粒岩夹磁铁石英岩和变质长石细砂岩和少量成熟度较低陆源碎屑沉积岩。

四合堂群混合岩化作用比较弱，它与下伏密云群为构造不整合接触，与上覆中元古界长城系呈角度不整合，地层总厚 6860 m。

2. 云蒙山地区元古宇分布

云蒙山地区元古宇地层参见本指南第 2 章相关内容及图 2-4。

3. 云蒙山地区古生界分布

华北下古生界普遍缺失上奥陶统与志留系。根据寒武系岩层、生物、岩相、沉积环境和沉积矿产等方面资料，将寒武系划分为下、中、上三个统（图 3-14）。

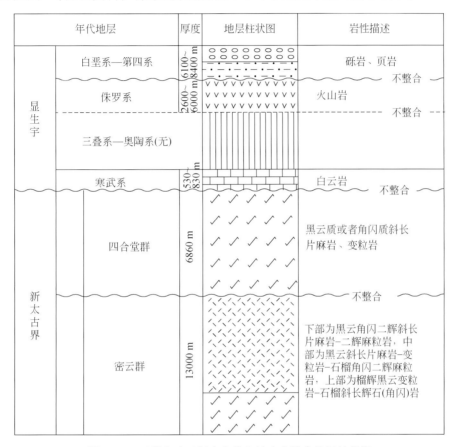

年代地层		厚度	地层柱状图	岩性描述
显生宇	白垩系—第四系	2600~6100 m/6000~8400 m		砾岩、页岩
				不整合
	侏罗系			火山岩
				不整合
	三叠系—奥陶系(无)			
	寒武系	530~830 m		白云岩　不整合
新太古界	四合堂群	6860 m		黑云质或者角闪质斜长片麻岩、变粒岩
				不整合
	密云群	13000 m		下部为黑云角闪二辉斜长片麻岩-二辉麻粒岩，中部为黑云斜长片麻岩-变粒岩-石榴角闪二辉麻粒岩，上部为榴辉黑云变粒岩-石榴斜长辉石(角闪)岩

图 3-14　云蒙山地区新太古代和显生宙综合地层柱状图

寒武系以浅水、清水陆表海沉积的碳酸盐岩为主，夹部分陆源碎屑岩。寒武系厚 424 ~ 724 m。与下伏新元古界景儿峪组为平行不整合接触。

北京地区上古生界与华北一致，缺失泥盆系与下石炭统，由海陆交互的中、上石炭统与陆相的二叠系组成。

具体到云蒙山地区，其古生界仅仅出露寒武系，且出露的范围非常有限。未见其他古生界出露。

4. 云蒙山中生界分布

北京地区中生界分布很广。三叠系分布于九龙山 - 香峪大梁向斜以及北岭向斜两翼，百花山向斜及髻髻山 - 妙峰山向斜的南东翼有连续出露，该系主要由河流相岩屑砂岩、粉砂岩、黏土岩组成（图 3-14）。

侏罗系广泛出露于西山的百花山向斜、髻髻山 - 妙峰山向斜、北岭向斜及九龙山 - 香峪大梁向斜的核部及翼部，北山的四海、风坨梁、西灰岭一带，密北新城子与曹家路一带及怀柔县的山前地带。该系为一套基－中性火山熔岩及相应火山碎屑岩和火山碎屑沉积岩，下统为重要的含煤岩系。

白垩系集中分布于坨里—大灰厂一带、东岭台、杜家庄、岔道及怀北等地也有出露，由中、酸性火山熔岩及相应沉火山碎屑岩发展为湖相碎屑岩、泥岩沉积。

云蒙山地区侏罗系广泛出露于云蒙山的北缘和零星出露于南东方向，以盖层的方式覆盖在云蒙山以北的中元古界之上。白垩系零星出露于云蒙山以南的怀柔水库附近。但是没有与云蒙山岩体直接接触。从区域上，张家口组火山岩年龄值为 143 ～ 126 Ma，之下土城子组地层的年龄值为 147 ～ 137 Ma。

5. 云蒙山岩浆岩分布

云蒙山岩基呈北东—南西展布的不规则穹隆形态，长约 20 km，宽约 12 km，岩体面积约 240 km^2（图 3-13）。云蒙山岩体主要为花岗闪长岩，矿物组成为斜长石、钾长石、石英、黑云母和角闪石，副矿物为石榴子石、榍石等。远离接触带花岗闪长岩粒度较粗，斜长石颗粒直径达 1 cm。岩体片麻状构造发育较为明显，尤其在岩体南东部的河防口—大水峪一带更为突出。岩体边缘的面理轨迹基本上平行于穹隆的外部边界。岩体核部岩石粒度较粗，岩性均匀而捕掳体少，片麻状构造很弱。

云蒙山西部的慕田峪花岗闪长岩，与云蒙山具有一致的锆石 U-Pb 年龄（图 3-15；Davis et al.，1996），主要组成是角闪石、斜长石、钾长石、黑云母和石英。岩体发育片麻状构造，岩浆流面倾向北西。

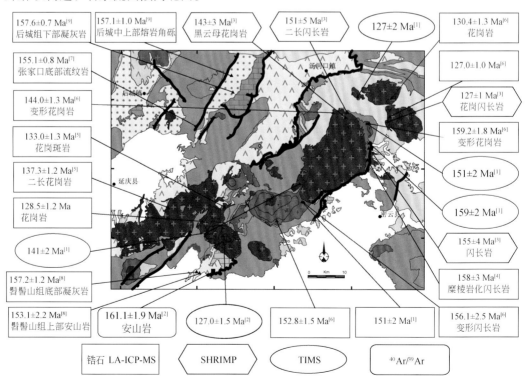

[1] Davis et al.,1996；[2] Davis et al.,2001；[3] Shi et al.,2009；[4] Wang et al.,2012；[5] 焦守涛等，2013；[6] Zhu et al.,2015；[7] Qi et al.,2015；[8] 于海飞等，2016；[9] 焦润成等，2016

图 3-15　云蒙山不同时代岩浆岩和火山岩空间展布

　　云蒙山东部发育的石城闪长岩及沙陀子花岗岩、西南部长园闪长岩，其侵位年龄要早于云蒙山岩体，锆石 U-Pb 年龄范围为 151 ～ 159 Ma（Davis et al.，1996）。在云蒙山的石城附近能非常明显见到云蒙山花岗闪长岩侵入到闪长岩中，并一同遭受剪切变形（图 3-16）。变质闪长岩受到强烈的韧性剪切变形改造，主要由斜长石、石英、黑云母、角闪石和辉石组成。很少见到斜长石斑晶，粒度普遍为 1 ～ 3 mm，其中见有富角闪石和石榴子石的捕虏体，在成分上属于铝饱和的碱性到钙碱性岩石。

图 3-16　云蒙山花岗岩与东部石城变闪长岩接触关系

　　云蒙山北部冯家峪，西白莲峪和大东沟三个小岩体是整个云蒙山地区最年轻的花岗岩侵入体，锆石 U-Pb 年龄为 124 ～ 128 Ma（图 3-15；Davis et al.，1996）。这些岩体的边界部分也具有片麻理构造，远离接触带无韧性变形。

3.1.2.4　云蒙山研究现状

　　20 世纪 80 年代初，北京大学的王玉芳教授和郑亚东教授认为云蒙山花岗岩为热穹隆引起的滑覆构造（Zheng et al.，1988）。大水峪韧性剪切带是云蒙山花岗岩热侵位隆升的结果（Zheng et al.，1988）。该观点认为云蒙山岩体的热侵位导致了其上覆的太古宙片麻岩、中新元古代及古生代的碳酸盐岩作为一个整体形成了一个巨大的背斜。并且随着岩体的不断隆升，沿着褶皱的两翼也持续产生了重力滑脱作用。在较深层次的部位，这种重力滑脱更多的表现为一种韧性状态，是一种韧性剪切变形，这也就形成了河防口 - 大水峪韧性剪切带。而在浅层，沿着褶皱的两翼，重力滑脱逐渐表现呈中等程度的逆冲推覆，其直接证据就是位于河防口附近寒武纪岩层推覆于上侏罗统安山质火山岩系之上的多米诺结构，并提出了云蒙山地区的热隆 - 滑覆 - 推覆的构造模式。Davis 和 Qian（1989）通过合作研究，确立了云蒙山北缘四合堂地区属于逆冲推覆构造，并且提出了科迪勒拉型变质核杂岩的不对称伸展模式。进而 Davis 与郑亚东从变质核杂岩的角度确认了大水峪伸展构造的存在（Davis et al.，1996），并将其与北美科迪勒拉变质核杂岩相对比，他们认为伸展变形之前存在一期中生代的缩短事件。对于云蒙山北部的四合堂韧性剪切带的属性，存在着两种观点：Passchier 和张家声（Passchier and Zhang，2005；张家声等，2007）认为该剪切带为上盘向 NNE 运动的伸展型剪切带；张家声等（2007）通过对云蒙山岩体北部区域岩脉的统计研究，认为四合堂剪切带形成于区域伸展的拉张环境，使得地壳岩石发生部分熔融。随后云蒙山花岗闪长岩向上侵位并造成浮力增加（岩浆底辟），使上覆岩石受重力驱动开始向四周拆离，形成一个新的剪切带——云蒙山剪切带（对应于北部的四合堂韧性剪切带）。因此云蒙山岩体的侵位是受到四合堂韧性剪切带伸展拆离以及自身岩浆底辟联合作用的结果。Davis 等（1996，2001）认为缩短事件，其形成时向北倾斜，从而构成上盘向 SSW 运动的逆冲推覆型剪切带，其根部为北部四合堂一带；其主要依据是，水峪韧性剪切带向北追索，剪切带厚度逐渐增至 6 km，且越往北剪切带形成层次越深、所记录的变形温度越高；剪切带与倒向南的四合堂推覆体倒转翼的空间一致。根据剪切带上盘未变形岩体的同位素年龄推测其活动发生在 127 Ma 之前，但没有得到准确的时间范围。需要指出的是，该区成为第30届国际地质大会和其他国际、国内重要学术会议野外地质考察路线之一。

3.1.2.5　主要构造 - 热事件

1. 晚侏罗世缩短事件

云蒙山地区的北缘（四合堂区）发育一套北倾的岩层和构造，从南到北依次为强面理化花岗闪长岩（143 Ma）、闪长岩（159 Ma）、元古界变长城系、太古宙花岗质和角闪片麻岩（Davis et al.，1996）。Davis 等（1996）在四合堂附近通过地层的层序及石英岩中残余的原生沉积构造来判断此处变质的长城系和蓟县系是倒转的，而以北 10 km 长城系与蓟县系层序正常，与太古宙呈不整合接触，且变形变质的强度很低，因此认为存在一背形的推覆体，命名为四合堂推覆体（图 3-17）。虽被构造后的晚侏罗世的石城闪长岩和早白垩世的云蒙山花岗闪长岩先后侵入，但卷入倒转翼的最短岩层所展示的南北向距离近 15 km（Davis et al.，1996）。四合堂倒转背斜的时代可以限定在中晚侏罗世之后，其证据为卷入褶皱的最新地层为中晚侏罗世的髫髻山和后城组。

2. 四合堂韧性剪切带

云蒙山岩体北缘及其以北太古宙基底与中元古界盖层中发育一条 3～8 km 宽的韧性剪切带（图 3-13），早期被称为三棱山韧性剪切带，后称为四合堂韧性剪切带（Davis et al.，1996）。该韧性剪切带由糜棱岩、千糜岩与片岩组成。糜棱岩面理缓倾（10°～30°），倾向从西部的北西向渐变到东部的北北东向。剪切带发育透入性的矿物拉伸线理，倾伏方向变化于340°～20°，倾伏角小于30°，主要表现为石英岩中拉长的石英颗粒，基底和石城闪长岩中的角闪石，云蒙山花岗岩中的黑云母及长城系中拉伸的砾石（Davis et al.，1996；图 3-13）。卷入剪切带的太古宙片麻岩表现出一定程度的退变质作用，中元古代沉积岩则遭受绿片岩相变质。不同研究者都认为其原始走向近东西，后因南部云蒙山岩体隆升就位的原因，表现为向北凸出的弧形，但矿物拉伸线理一致倾向北或北东向，并没有因为云蒙山岩基侵位时的推挤而发生改变，与上述观点相矛盾。至于剪切带的剪切指向和形成时代，认识则很不统一。

Davis 等（1996）根据四合堂韧性剪切带位于四合堂倒转背斜的倒转翼，剪切指向应与褶皱的倒向一致，认为是一向南逆冲的韧性剪切带，而岩石剪切标志并不明显（图 3-18）。四合堂韧性剪切带活动时间很长，可能持续了 30 Ma。根据同构造侵入的闪长岩和花岗闪长岩年龄（159～141 Ma）及构造晚期侵入的大东沟岩体（127 Ma），

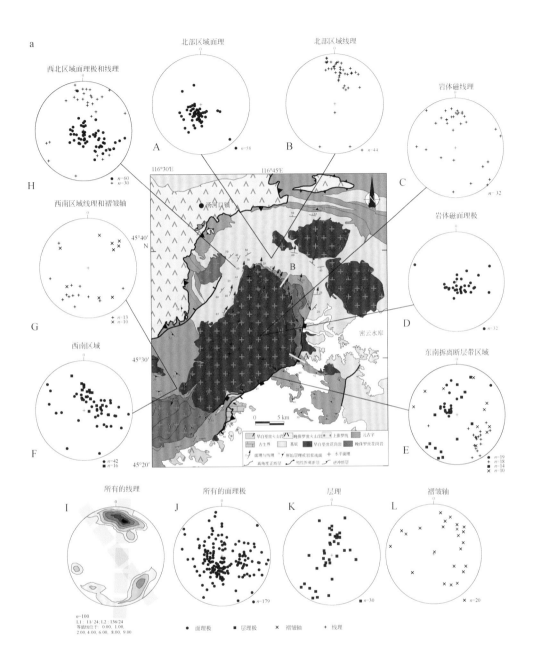

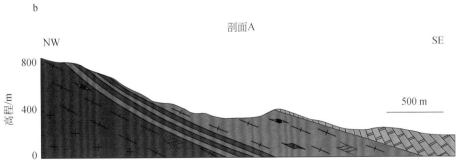

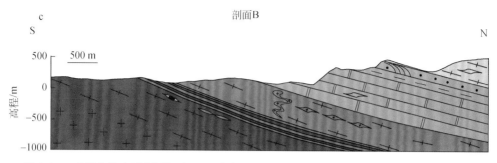

图 3-17　云蒙山构造要素图解（a）、大水峪韧性剪切带（b）和四合堂韧性剪切带（c）

活动时间限定在 159～127 Ma，在云蒙山岩体 118 Ma（钾长石 $^{40}Ar/^{39}Ar$）之后快速冷却就已停止。另一观点注意到上部向北剪切的证据（张家声等，2007）。张家声等（2007）根据沙坨子剖面，认为该剪切带原为一向南缓倾、上部向南剪切的剥离断层，后因云蒙山岩体就位上隆，将剪切带掀向北倾，导致向南逆冲运动的假象，并造成晚期重力滑脱形成向北的剪切。这种解释可说明早期和后期剪切方式的不一致以及同时期的大量的岩脉侵入，然而自北向南的伸展性滑脱并不能解释剪切带内地层的多次重复，即所指的"褶叠层"。Davis 等（1996）判断的早期向南逆冲剪切指向没错，但似乎忽略了晚期花岗闪长岩就位，及云蒙山快速隆起所导致的反向剪切（图 3-18）。

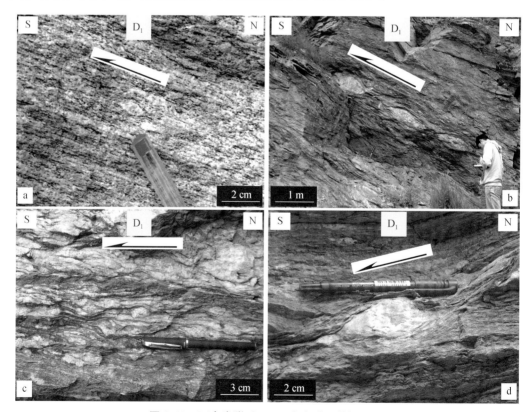

图 3-18　四合堂附近 N—S 向变形及剪切指向

Zhu 等（2015）通过被解释为同构造侵位岩脉定年分析，得到 140～137 Ma 的年龄，并认为其代表了四合堂韧性剪切带的活动时间。陈印等（2018）进一步选取四合堂韧性剪切带内糜棱岩化岩石中的单矿物（角闪石和黑云母）进行 $^{40}Ar/^{39}Ar$ 定年，得到比较宽泛的范围（142.4～93.9 Ma；图 3-19）。陈印等（2018）根据四合堂韧性剪切带内的矿物重结晶的特征，认为剪切带的变形温度为 500℃～650℃，与角闪石的 $^{40}Ar/^{39}Ar$ 封闭温度一致，因此认为四合堂剪切带的角闪石 $^{40}Ar/^{39}Ar$ 年龄代表了剪切带活动时间，即变形时间为 142.4～135.5 Ma。

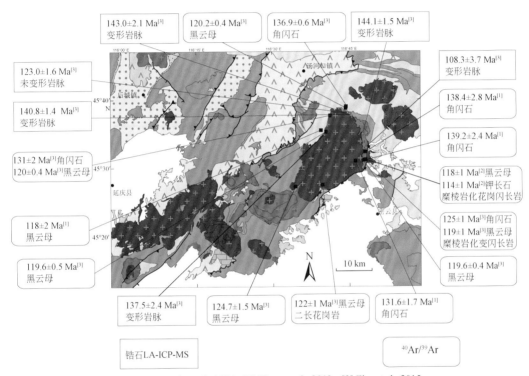

图 3-19　云蒙山 $^{40}Ar/^{39}Ar$ 和"同构造岩脉"锆石 U-Pb 定年结果及所揭示四合堂和大水峪韧性剪切带发生的时代

3. 河防口正断层及时代

位于云蒙山的南东翼，南段（河防口段）走向北东，北段（石城段）走向北北东，总延伸 60 余千米。断层倾向南东或南东东，一般倾角为 25°～30°（图 3-17）。断层面上可见厚达 5～6 m 的黄色或灰黑色富伊利石断层泥，其中剪切产生的面理与断层面近平行。断层泥之下为微角砾岩，原岩为太古代片麻岩和糜棱岩，擦痕指示上部向南东向的运动。

河防口正断层切割的最年轻岩体为冯家峪岩体，锆石 U-Pb 年龄为 127～131 Ma（Zhu et al.，2015）。王玉芳等（1989）从河防口正断层中 7 个富伊利石断层泥样给出的 K/Ar

年龄段为 89±4 ～ 72±2 Ma。最小年龄样（71.6±2 Ma）为纯伊利石样，无围岩碎块，定年者 Shafiquallah 视为断层泥形成的最可靠年龄。吴珍汉等（2000）在云蒙山花岗岩和四合堂花岗质片麻岩中获得锆石裂变径迹年龄为 106±6 Ma 和 84±4 Ma。早期的 K/Ar 及锆石裂变径迹年龄指示了冷却过程持续到晚白垩世。

4. 大水峪韧性剪切带

位于河防口脆性正断层之下。剪切带总体倾向与上覆断层相同，倾角略缓，为糜棱状岩石的组合，最大厚度超过 2 km（图 3-20）。剪切带主要发育在云蒙山岩体的花岗闪长岩东南边缘，糜棱岩石主要为糜棱岩化花岗闪长岩夹长英质糜棱岩。然而，剪切带也影响到太古宙角闪片岩和片麻岩、断层下盘的元古宙大理岩和晚侏罗世石城闪长岩。这些糜棱岩普遍具有透入性面理和线理（图 3-20）。其中不对称长石碎斑、S-C 组构、C′面理和其他运动学标志，统一指示上部向下或向南东的剪切方式（图 3-20）。Davis 等（1996）注意到，大水峪韧性剪切带与河防口断层走向均呈现波瓦状的舒缓变化，与美国科迪勒拉变质核杂岩相似，瓦脊或沟槽大致与断层运动方向平行。根据糜棱岩的矿物组合、亚晶粒和重结晶颗粒的平均粒度与氧同位素的研究，估计该剪切带可能形成深度为 10 ～ 15 km。毗邻河防口断层的下盘岩石一般显示从韧性（透入性糜棱组构），经半韧性（非透入性具有"热"擦痕的绿泥石化角砾岩），到脆性（具有脆性擦痕的隐晶质的微角砾岩）的变化。糜棱岩线理、"热"擦痕和脆性擦痕总体平行，表明断层下盘相对上盘上升过程中，断层相关组构，从韧性（深层次）到脆性（浅层次）变形体制的运动学一致性。伸展韧性剪切带深部形成的糜棱岩在低角度正断层作用下向浅部移动，在依次变浅的构造层次中退变质，叠加绿泥石化、角砾岩化和脆性断层。这种构造关系与北美科迪勒拉区的伸展拆离断层与变质核杂岩相似。根据剪切带有限应变分析，推测剪切位移量超过 10 km。

Davis 等（1996）报道了大水峪剪切带内钾长石 $^{40}Ar/^{39}Ar$ 年龄为 118 Ma。Wang 等（2012）从大水峪剪切带糜棱岩中获得的角闪石 $^{40}Ar/^{39}Ar$ 年龄为 125 Ma，黑云母年龄为 120 Ma，钾长石年龄为 114 Ma；而旁侧未变形岩体的锆石 U-Pb 年龄为 127 Ma，黑云母 $^{40}Ar/^{39}Ar$ 年龄为 118 Ma 和 122 Ma，且认为它们主要代表核杂岩的快速抬升时间（图 3-19）。最近，Zhu 等（2015）对大水峪地区变形与未变形岩脉与岩体的锆石定年，指示大水峪韧性剪切带的开始时间应为 135 Ma，至少持续至 126 Ma。区内 135 ～ 123 Ma 发生了同构造岩浆侵位；3 个黑云母样品 $^{40}Ar/^{39}Ar$ 年龄分别为 119.6±0.4 Ma 和 116.4±0.4 Ma，记录了剪切带抬升至黑云母封闭温度的时间，其与 Wang 等（2011）从该剪切带获得的 120 ～ 118 Ma 的黑云母 $^{40}Ar/^{39}Ar$ 年龄相吻合（图 3-19）。锆石 U-Pb 定年与角闪石、黑云母 $^{40}Ar/^{39}Ar$ 定年表明云蒙山变质核杂岩的开始活动时间为 135 Ma 之后，126 Ma 时大水峪剪切带仍在活动，而 120 ～ 116 Ma 期间该剪切带快速抬升至 300 ℃等温面（Davis et al., 1996）。云蒙山杂岩同位素年代学测试结果见图 3-21。

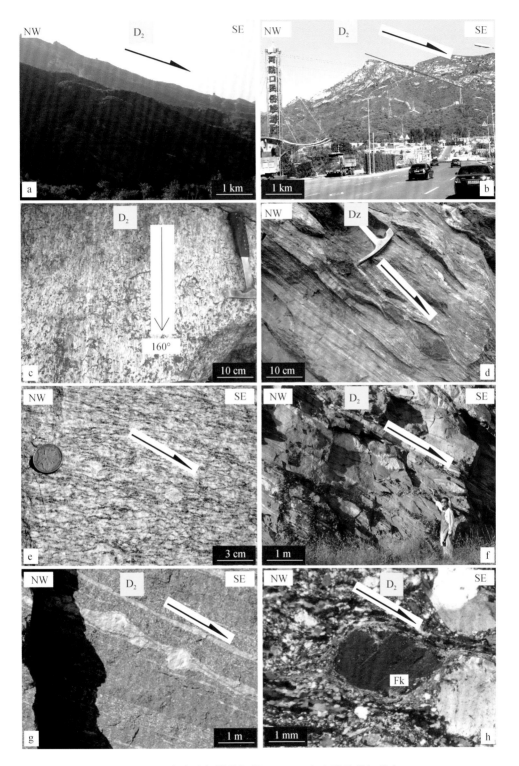

图 3-20　大水峪韧性剪切带 NW-SE 向变形及剪切指向

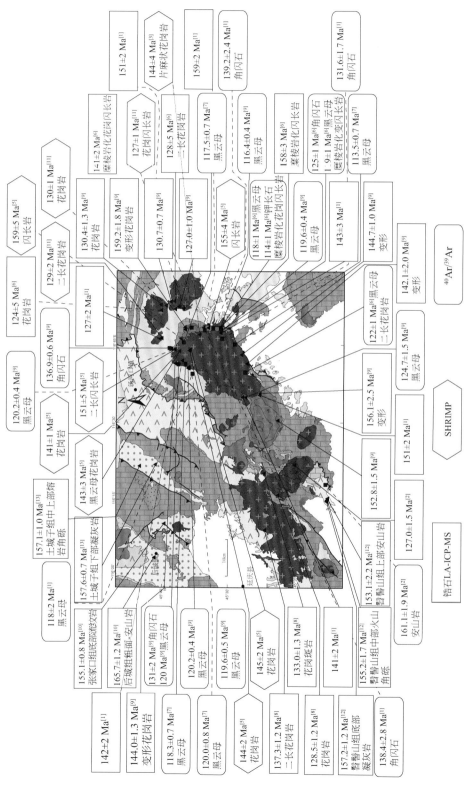

图 3-21 云蒙山杂岩同位素年代学测试结果

[1] Davis et al., 1996；[2] Davis et al., 2001；[3] 刘翠等, 2004；[5] Su et al., 2007；[6] Wang et al., 2012；[7] 王军, 2013；[8] 焦守涛等, 2013；[9] 黑色等, 2013；[10]Qi et al., 2015；[11] 孙会一等, 2016；[12] 于海飞等, 2016；[13] 焦润成等, 2016

3.2　实习点介绍

⊚ **点 3-1　中侏罗世龙门组沉积 – 构造剖面**

位置：国科大东区教二楼东侧（40°24.403′N；116°40.806′E）。

目的：指导学生认识富含火山成分的沉积岩及所包含的沉积构造、安山质岩床侵入及变形过程中能干性的差异，云蒙山南缘拆离断层上盘岩石的脆性伸展构造和"早期"构造的表现。

内容：中侏罗世龙门组凝灰质复成分砾岩、凝灰质粉砂岩、火山岩和砂岩互层。岩层经历了普遍的构造改造，可以看到明显的正断层和局部发育的逆断层。小构造方面可以见到明显的层滑构造、擦痕等。砂岩、砾岩互层之处可以见到明显的沉积韵律变化、底面印模及泄水构造，含有大量的植物化石碎片，为认识沉积/地层/构造提供了很好教学样本（图 3-1-1、图 3-1-2）。

图 3-1-1　剖面中展示的古风化壳（a）、新芦木化石（b）、次火山岩（c）和沉积相变（d）

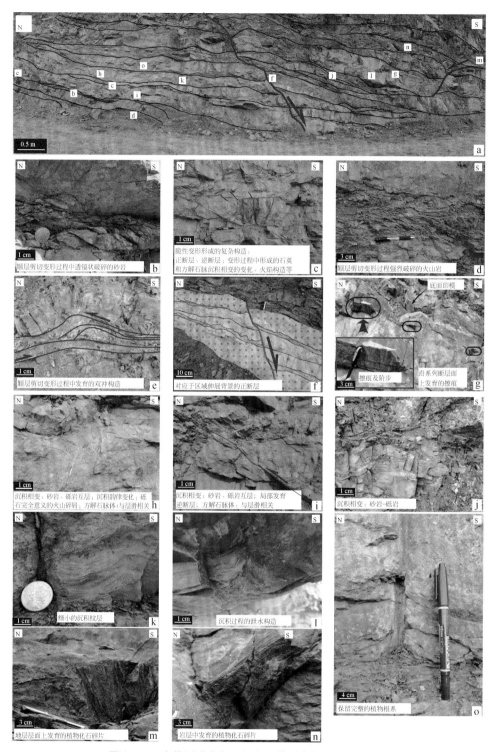

图 3-1-2　中侏罗世龙门组沉积－构造剖面及构造现象

a 为剖面总览，b～o 为各点放大图

◉　**点 3-2　韧性变形及叠加韧性剪切带之上的脆性变形**

位置：河防口村北公路岔道口北（40°26.419′N；116°40.644′E）。

目的：认识小尺度的构造现象：面理、线理、紧闭褶皱、中尺度宽缓褶皱、断层角砾岩、脆性剪切透镜体等构造相关概念。介绍构造层次、岩石脆 - 韧性变形的概念，使学生认识不同构造层次下岩石发生变形的相应表现形式。

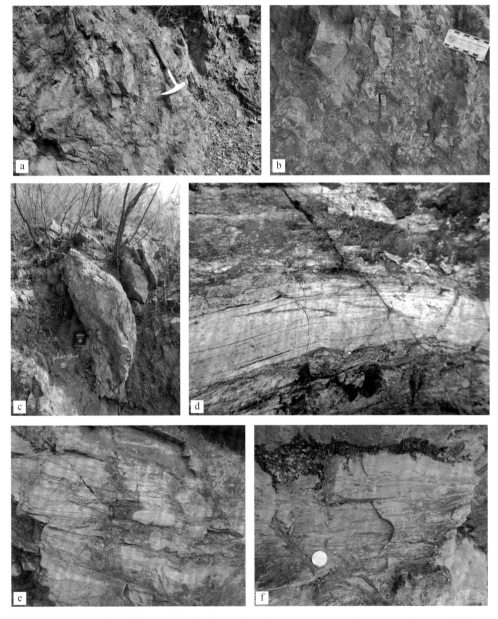

图 3-2-1　强烈糜棱岩化的太古宇岩石在后期浅层次变形中强烈破碎形成绿泥石化角砾岩（a，b，c）及透镜体，伴随早期深层次变形所发育的紧闭褶皱（d，e，f）

内容：沿一东向小径步行 20 ～ 30 步，北侧见灰黑色断层泥露头，中夹岩石碎块。面上发育擦痕。下盘闪长质糜棱岩面理、断层带和上盘面理均向南缓倾，倾角 20° ～ 35°。沿路而上，可见到被叠加脆性变形的韧性变形（图 3-2-1）。

◉ 点 3-3　大水峪韧性剪切带上盘的岩石变形

位置：由点 3-2 向南行 200 m 至引水渠边（40°26.049′N；116°40.471′E）。

目的：指导学生认识典型的逆冲推覆构造，岩石在脆性域强烈剪切变形的表现及后期构造叠加的表现。从地层学的角度认识寒武系府君山组底部豹皮状灰岩。

内容：下寒武统府君山组碳酸盐岩几何空间上位于上侏罗统髫髻山组火山碎屑岩上（火山岩的年龄是 151 Ma）（图 3-3-1），后者的地层组成为凝灰质复成分砾岩、凝灰质粉砂岩和砂岩，构造接触，产状平缓。注意强烈破碎的砂岩和砾岩中岩石变形的指示及断层面展布状态（图 3-3-2、图 3-3-3）。下寒武统府君山组局部可见竹叶状灰岩（图 3-3-4）和豹皮状白云质灰岩（图 3-3-5）。

图 3-3-1　上侏罗统髫髻山组火山碎屑岩之上的碳酸盐石

图 3-3-2　上侏罗统髫髻山组火山碎屑岩强烈破碎

图 3-3-3　寒武系府君山组强烈破碎的灰岩

2 cm

图 3-3-4　寒武系府君山组竹叶状灰岩

图 3-3-5　寒武系府君山组豹皮状灰岩

◉ 点 3-4　河防口断层下盘韧性剪切带

位置：密云白道峪村北河西侧（40°29.29′N；116°45.50′E）。

目的：指导学生认识典型糜棱岩，花岗质闪长岩石韧性剪切变形的构造表现，判断岩石变形所代表的运动学的剪切标志：旋转碎斑、S-C 组构和 S-C′ 组构（剪切条带），介绍低角度拆离正断层及变质核杂岩的概念。观察云蒙山花岗岩的矿物组成、结构和构造，认识 I 型花岗岩的基本特征。

图 3-4-1　白道峪北糜棱岩化的花岗闪长岩中的石英条带、
不对称长石碎斑及拖尾、S-C 组构及 C′ 面理

内容：该点可见大片糜棱状花岗岩新鲜露头（图 3-4-1）。糜棱面理南东缓倾，倾角 22°。石英呈条带状包围 3～5 mm 的长石不对称碎斑。间隔性 C′ 面理切割糜棱面理，倾角较陡（约 30°）。S-C′ 组构所指示的剪切指向与长石不对称拖尾一致。近直立的脆性张性混合裂隙切割糜棱组构，平均产状 330°∠73°，指示晚期的脆性域的伸展作用。

◉ 点 3-5　铁岭组灰岩

位置：小石尖村北采石场（40°27.392′N；116°45.336′E）。

目的：叠层石灰岩，中元古代华北克拉通稳定盖层。脆性构造的表现形式及运动学判别标志（层滑、擦痕等）。

内容：该点可见出露的铁岭组厚层白云质灰岩，含丰富的叠层石（图 3-5-1）。灰岩层面上存在层滑的表现，局部可见方解石形成的擦痕。

图 3-5-1　小石尖村北铁岭组叠层石灰岩

◉ 点 3-6　河防口断层下盘绿泥石化——云蒙峡口（水堡子）

位置：铁路桥北端水堡子村南有一条幽静的西行公路通向云蒙峡，观察点位于该路的东端（40°31.172′N；116°48.046′E）。

目的：指导学生观察石城闪长岩的矿物组成、结构、构造；认识不同时代的岩体接触关系及其在强烈剪切变形带中的表现；花岗质脉体同闪长岩一同变形时的构造表现；

剪切条带、布丁构造、鞘褶皱及岩石变形过程中的应变分析；介绍低角度拆离正断层及变质核杂岩的概念及发展。

　　内容：该点出露的主要为侏罗纪石城闪长岩（锆石 U/Pb 年龄：159 Ma）及远望的云蒙山花岗闪长岩（图 3-6-1）。这些片麻岩片麻理缓倾，黑云母、角闪石晶体定向排列构成拉伸线理向南东倾伏。一组较陡的非透入性破碎带叠加切割强变形组构，显示正向剪切作用。花岗质脉体侵入于闪长岩之中，二者一同剪切变形（图 3-6-2 至图 3-6-4）。

图 3-6-1　水堡子云蒙山花岗闪长岩同石城闪长岩之间的过渡关系

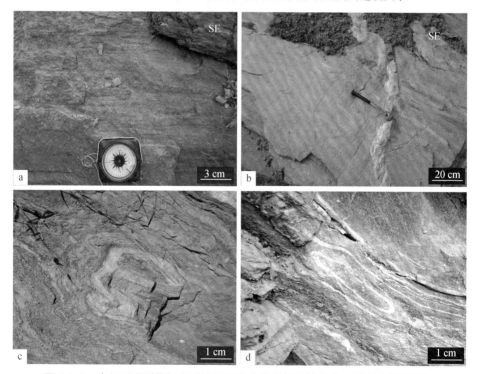

图 3-6-2　水堡子强烈剪切变形的闪长岩中发育的线性构造（线理和鞘褶皱）

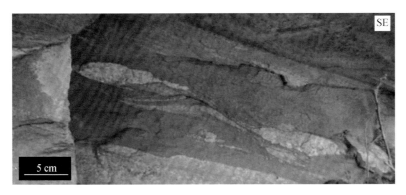

图 3-6-3　水堡子绿泥石化糜棱岩布丁状长英质脉体

图 3-6-4　水堡子强烈变形的闪长岩中长英质脉体展示的垂向缩短、水平拉伸的应变特点

◉ 点 3-7　云蒙山岩体被后期不同期次岩脉穿切的变形特征

位置：观察点位于省道 310 的路边里程碑 23 km 处（40°37.192′N；116°45.751′E）。

目的：指导学生认识云蒙山花岗岩岩浆结晶分异（细晶岩脉、伟晶岩脉）以及不同期次岩脉的穿插关系，观察花岗岩和早期岩脉经历强烈剪切变形的表现，矿物拉伸线理在方向上的变化等。

内容：该点出露的主要为云蒙山花岗岩（锆石 U-Pb 年龄：143 Ma）。这些花岗岩强烈面理化（图 3-7-1），片麻理向北东缓倾，石英、黑云母定向排列构成十分明显而漂亮的拉伸线理，向北东倾伏。同时，花岗岩和早期岩脉经历不同程度的剪切变形（图 3-7-2）。

图 3-7-1 强烈面理化云蒙山花岗岩

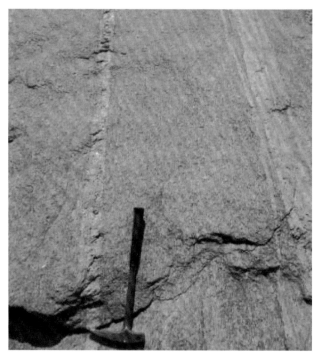

图 3-7-2 变形程度不均一的云蒙山花岗岩、细晶花岗质脉体和伟晶岩脉

◉ 点 3-8 石城闪长岩同蓟县系高于庄组接触界线

位置：位于省道 310，点 3-7 东北方向（40°37.595′N；116°46.472′E）。

目的：指导学生认识不同时代的岩石单元的相互关系以及在强烈剪切变形带中的表现；观察并分析相同构造条件下不同岩性（闪长岩、花岗岩、大理岩）所表现出的流变学特征的差异：剪切条带、布丁状构造、同斜褶皱及大理岩的韧性变形行为等；注意观察石城闪长岩与围岩的侵入接触关系。

内容：石城闪长岩（158 Ma）与蓟县系高于庄组：平直的面理，从闪长岩到闪长岩和大理岩互层状，再到强烈面理化的大理岩，平直而密集发育的面理上发育了清晰的线理（图 3-8-1），无论是闪长岩还是大理岩中均发育了大量相似的剪切变形，体现了二者的构造接触关系（图 3-8-2、图 3-8-3）。从岩性的角度，可观察到以脉体形式表现的云蒙山花岗岩、石城闪长岩及高于庄组大理岩，大量紧闭褶皱发育（图 3-8-3）。

图 3-8-1　强烈剪切变形的闪长岩中云蒙山花岗岩脉体展现的
矿物拉伸线理（左）和同斜褶皱（右）

图 3-8-2　闪长岩中云蒙山花岗岩脉由于剪切变形而表现出的"碎斑"状

图 3-8-3　闪长岩上部高于庄组大理岩所表现的剪切变形

◉ 点 3-9　强烈剪切变形地层的层序识别和构造特征分析（贾峪东河边）

位置：贾峪村东（40°38.022′N；116°46.465′E）。

图 3-9-1　长城系常州沟组长石石英砂岩中的花岗质脉体糜棱岩化过程中形成的矿物拉伸线理

目的：认识长城系沉积岩的岩性、变形特征和特点，了解其区域构造表现的内涵；学会通过沉积层序判断构造的极性；对比超糜棱岩中长石变形的区别，介绍长石－石英等主要矿物不同温度下的变形特征。

内容：具有完整沉积序列的长城系地层卷入强烈的剪切变形，变沉积岩强烈面理化，面理向北东缓倾，石英及少量黑云母定向排列构成十分明显而漂亮的拉伸线理向北东倾伏（图 3-9-1）。常州沟组可见岩脉侵入，锆石年龄约为 386 Ma。长城系团山子组成分不均一的大理岩表现出强烈剪切变形（图 3-9-2），局部变形较弱处可见保留完整的沉积构造（图 3-9-3）。通过对这些沉积构造的识别和认识，可以加深对构造特点的认识。

图 3-9-2　强烈剪切变形的长城系团山子组大理岩

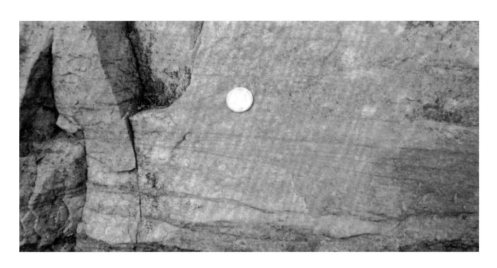

图 3-9-3　长城系常州沟组长石石英砂岩中保留的斜层理

◉ 点 3-10　四合堂韧性剪切带

位置：四合堂村东河边（40°37.870′N；116°45.320′E）

目的：岩石韧性变形过程中所形成的线性构造及其区域构造表现的内涵。

内容：该点可见大片二长花岗质糜棱岩新鲜露头。糜棱面理北东缓倾。线理十分清晰（图 3-10-1）。指导学生认识岩石韧性变形过程中所形成的线性构造及其区域构造表现的内涵（其位于剪切变形的大理岩之下，可以构成北部四合堂及上部倒转沉积地层的完整剖面）。加深对云蒙山花岗岩主体岩性的认识，了解花岗岩糜棱岩化的各种特征。

图 3-10-1　二长花岗质糜棱岩清晰的矿物拉伸线理

◉ 点 3-11　韧性剪切带

位置：四合堂村北路西侧（40°38.700′N；116°44.810′E）。

目的：认识云蒙山地区早期构造变形特征，了解韧性变形的各种构造；介绍同斜褶皱的形成过程。

图 3-11-1　四合堂韧性剪切带矿物拉伸线理（左）和极强的糜棱面理（右）（长城系石英砂岩）

图 3-11-2 四合堂韧性剪切带大型的同斜褶皱（左）及剪切变形（右）

内容：出露大片糜棱岩新鲜露头。糜棱面理北东缓倾（图 3-11-1）。不同尺度的同斜褶皱十分发育，但是缺少岩石剪切变形过程中运动学指向标志（图 3-11-2）。

◉ 点 3-12 云蒙山花岗闪长岩

位置：四合堂南街兴潭桥（40°37.13′N；116°44.09′E）。

目的：认识云蒙山岩体北缘岩石侵位过程中的构造表现，从区域地质的角度理解褶皱的成因和岩石特点。

内容：出露弱面理化花岗闪长岩，面理总体北倾，变化较大，面理发生了明显的褶曲。岩石变形体现塑性流动的特点，局部可见石榴子石发育（图 3-12-1）。

图 3-12-1 褶皱的弱面理化花岗闪长岩

◉ 点 3-13   飞来峰前缘

位置：汤河口南宝山镇观景台（40°42.748′N；116°36.376′E）。

目的：认识蓟县系高于庄组白云岩与上侏罗统髫髻山组火山岩，并对逆冲构造进行素描；详细观察断层上盘与下盘的构造变形特征；了解云蒙山北缘逆冲构造形成的飞来峰构造，并介绍飞来峰与构造窗的形成过程与特点。

内容：在该点，蓟县系高于庄组白云岩向北西逆冲于上侏罗统髫髻山组（后城组）火山岩之上，构成了逆冲推覆体的前缘（图 3-13-1），断层面倾向南东，下盘火山岩（碎屑锆石最年轻年龄为 298 Ma）变形强烈。而该处高于庄组灰岩构成飞来峰，飞来峰内部也经历了强烈逆冲变形（图 3-13-2）。

图 3-13-1   蓟县系高于庄组白云岩逆冲于上侏罗统髫髻山组火山岩之上

图 3-13-2   蓟县系高于庄组内部形成的逆冲断层

◉ 点 3-14　构造窗

位置：汤河口南大河东村（40°41.892′N；116°37.200′E）。

目的：认识髫髻山组构造窗，观察髫髻山组野外露头的表现特征。

内容：侏罗系上侏罗统髫髻山组（后城组）作为构造窗出露于周缘蓟县系高于庄组之中，高于庄组白云岩位于周围构造高点，体现了明确的空间几何关系（图 3-14-1）。

图 3-14-1　位于构造窗之内的髫髻山组火山岩，远处山峰为高于庄组白云岩

◉ 点 3-15　逆冲推覆体的前缘

位置：汤河口南省道 309 里程碑 93 km 处（40°41.342′N；116°35.782′E）。

目的：逆冲叠瓦构造的特征与形成过程，通过擦痕判断逆冲方向，认识云蒙山北缘逆冲推覆的构造背景及形成过程。

内容：高于庄组白云质灰岩逆冲至髫髻山组火山岩之上，并形成了逆冲叠瓦构造（图 3-15-1）。断层面上发育北—南向擦痕，指示由南向北的逆冲推覆方向（图 3-15-2）。

图 3-15-1　蓟县系高于庄组灰岩与上侏罗统髫髻山组火山岩形成逆冲叠瓦构造

图 3-15-2   逆冲推覆界面上发育的擦痕及下盘髫髻山组火山岩作为断层相关的碎裂岩

◉ 拓展点 3-16   大水峪韧性剪切带上盘的岩石变形

位置：怀北镇内（40°24.818′N；116°40.745′E）。

下寒武统府君山组泥质灰岩和泥质条带灰岩几何空间上位于侏罗系龙门组之上（图 3-16-1 和图 3-16-2），后者地层组成为长石石英砂岩、凝灰质复成分砾岩。构造接触，产状平缓，注意上部的泥质条带灰岩发生了褶皱。

图 3-16-1   下寒武统府君山组泥质灰岩和泥质条带灰岩几何空间上位于侏罗系龙门组之上

图 3-16-2　褶皱的下寒武统府君山组泥质灰岩和泥质条带灰岩

◉ 拓展点 3-17　大水峪韧性剪切带上盘岩石变形的表现

位置：三渡河（40°25.183′N；116°37.669′E）。

云蒙山南缘大理岩中燧石条带显示一系列褶皱，轴面产状南倾，倒向北，指示上盘向南"正断式"剪切（图 3-17-1）。

图 3-17-1　大理岩中燧石条带一系列褶皱显示垂向缩短的构造表现

◉ 拓展点 3-18 云蒙山花岗岩内发育的糜棱岩带

位置：官地村南部（40°25.679′N；116°37.697′E）。

花岗闪长岩内所夹糜棱岩条带，该糜棱岩面理为 325°∠35°，线理倾伏向是 110°。糜棱岩条带大致在约 20 cm 范围内展布（图 3-18-1）。大家可以讨论一下其构造含义。

图 3-18-1 官地村南部花岗闪长岩内所夹糜棱岩条带

◉ 拓展点 3-19 四海盆地上侏罗统髫髻山组火山岩

位置：鱼水洞（40°35.17′N；116°34.009′E）。

块状凝灰质火山角砾岩，为安山岩质，可以细分为岩屑凝灰质角砾和晶屑凝灰质角砾，局部劈理化明显（图 3-19-1）。火山岩锆石年龄为 158.5 ± 1.9 Ma。

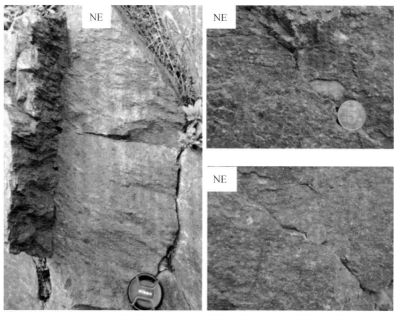

图 3-19-1 四海盆地上侏罗统髫髻山组火山岩的野外特征

参 考 文 献

陈印，朱光，刘文刚，等．2018．北京云蒙山地区中生代岩浆活动及构造演化．地质论评，64(04): 843-868.

邓晋福，莫宣学，赵海玲，等．1994．中国东部岩石圈根/去根作用与大陆"活化"——东亚型大陆动力学模式研究计划．现代地质，8(3): 349-356.

邓晋福，赵海玲，莫宣学．1996．中国大陆根-柱构造——大陆动力学的钥匙．北京：地质出版社．

丁文江．1929．中国造山运动．中国地质学会会志，8: 151-170.

董树文，张岳桥，龙长兴，等．2007．中国侏罗纪构造变革与燕山运动新诠释．地质学报，11: 1449-1461.

焦润成，贺瑾瑞，王荣荣，等．2016．北京北部千家店土城子组 LA-ICP-MS 锆石 U-Pb 同位素测年及启示．中国地质，43: 1750-1760.

焦守涛，颜丹平，张旗，等．2013．八达岭花岗岩的年龄、地球化学特征及其地质意义．岩石学报，29: 769-780.

李思田．1994．断陷盆地分析与煤聚积规律．北京：地质出版社，1-125.

林伟，王军，刘飞，等．2013．华北克拉通及邻区晚中生代伸展构造及其动力学背景的讨论．岩石学报，29(5): 1791-1810.

刘翠，邓晋福，苏尚国，等．2004．北京云蒙山片麻状花岗岩锆石 SHRIMP 定年及其地质意义．岩石矿物学杂志，02: 141-146.

路凤香，郑建平，李伍平，等．2000．中国东部显生宙地幔演化的主要样式："蘑菇云"模型．地学前缘，7: 97-117.

孙会一，石玉若，赵希涛，等．2016．北京密云地区早白垩世花岗岩 SHRIMP 锆石 U-Pb 年龄及其地质意义．地球科学与环境学报，38: 43-54.

王军．2013．华北克拉通北部晚中生代伸展构造及其动力学机制探讨．中国科学院大学．

王涛，郑亚东，张进江，等．2007．华北克拉通中生代伸展构造研究的几个问题及其在岩石圈减薄研究中的意义．地质通报，26: 1154-1166.

王玉芳，胡振铎，郑亚东．1989．北京云蒙山区断层泥中黏土矿物及钾氩年龄的地质意义．岩石圈地质科学．见：钱祥麟．北京：北京大学出版社，102-111.

徐义刚．1999．岩石圈的热机械侵蚀和化学侵蚀与岩石圈减薄．矿物岩石地球化学通报，18: 1-5.

徐义刚，李洪颜，庞崇进，等．2009．论华北克拉通破坏的时限．科学通报，54: 1974-1989.

许文良，王清海，王冬艳，等．2004．华北克拉通东部中生代岩石圈减薄的过程与机制：中生代火成岩和深源捕房体证据．地学前缘，11: 309-317.

于海飞，张志诚，帅歌伟，等．2016．北京十三陵——西山髫髻山组火山岩年龄及其地质意义．地质论评，4: 807-826.

张宏福，英基丰，徐平，等．2004．华北中生代玄武岩中地幔橄榄石捕房晶：对岩石圈地幔置换过程的启示．科学通报，08: 784-789.

张家声，C W Passchier，J Konopasek，等．2007．云蒙山变质核杂岩抬升过程中伸展拆离和岩浆底辟联合作用的证据．地学前缘，14(4): 26-39.

赵越．1990．燕山地区中生代造山运动及构造演化．地质论评，36: 1-13.

赵越, 崔盛片, 郭涛, 等. 2002. 北京西山侏罗纪盆地演化及其构造意义. 地质通报, 21: 211-217.

朱日祥, 徐义刚, 朱光, 等. 2012. 华北克拉通破坏. 中国科学: 地球科学, 42(8): 1135-1159.

Chen L, Zheng T Y, Xu W W. 2006. A thinned lithospheric image of the Tanlu Fault Zone, eastern China: Constructed from wave equation based receiver function migration. Journal of Geophysical Research, 111: B09312.

Cope T D, Shultz M R, Graham S A. 2007. Detrital record of Mesozoic shortening in the Yanshan belt, NE China: testing structural interpretations with basin analysis. Basin Research, 19: 253-272.

Davis G A, Qian X, Zheng Y, et al. 1996. Mesozoic deformation and plutonism in the Yunmeng Shan: A Chinese metamorphic core complex north of Beijing, China. In: Yin, A., and Harrison, T. A. The Tectonic Evolution of Asia: Cambridge University Press, New York, 253-280.

Davis G A, Zheng Y D, Wang C, et al. 2001. Mesozoic tectonic evolution of the Yanshan fold and thrust belt, with emphasis on Hebei and Liaoning provinces, northern China. In: Hendrix M S and Davis G A. Paleozoic and Mesozoic tectonic evolution of Central and Asia: From Continental Assembly to Intracontinental Deformation. Boulder, Colorado, Geological Society of American Memoir, 194: 171-194.

Davis G H, Coney P J. 1979. Geologic development of the Cordilleran metamorphic core complexes. Geology, 7(1): 6-9.

Fan W M, Menzies M A. 1992. Destruction of aged lower lithosphere and accretion of Asthenosphere mantle beneath eastern China. Geotectonic et Metallogenia, 16(324): 171-180.

Faure M, Lin W, Shu L, et al. 1999. Tectonics of the Dabieshan (eastern China) and possible exhumation mechanism of ultra high-pressure rocks. Terra Nova, 11: 251-258.

Fu B, Walker R, Sandiford M. 2011. The 2008 Wenchuan earthquake and active tectonics of Asia: Journal of Asian Earth Sciences, 40(4): 797-804.

Gao S, Rudnick R L, Carlsonet R W, et al. 2002. Re-Os evidence for replacement of ancient mantle lithosphere beneath the North China Craton. Earth Planetary Science Letters, 198: 307-322.

Griffin W L, Zhang A D, O'reilly S Y. 1998. Phanerozoic evolution of the lithosphere beneath the Sino-Korean craton. In: Flower M, Chung S L, Lo C H. Mantle dynamics and plate interactions in East Asia: Washington, D. C., American Geophysics Union, (Geodyn Series), 100: 107-126.

Lin W, Wang Q C. 2006. Late Mesozoic extensional tectonics in North China Block-Response to the Lithosphere removal of North China Craton? Bulletin de la Société Géologique de France, 177: 287-294.

Liu M, Cui X, Liu F. 2004. Cenozoic rifting and volcanism in eastern China: a mantle dynamic link to the Indo–Asian collision? Tectonophysics, 393: 29-42.

Meng Q. 2003. What drove late Mesozoic extension of the northern China-Mongolia tract? Tectonophiysics, 369: 155-174.

Menzies M A, Fan W M, Zhang M. 1993. Paleozoic and Cenozoic lithoprobes and the loss of ＞ 120 km of Archaean lithosphere, Sino-Korean craton, China. In: Prichard H M, Alabaster T, Harris N B W, et al. Magmatic processes and plate tectonics. Geological Society Special Publication, 76: 71-78.

Menzies M A, Xu Y G. 1998. Geodynamics of the North China Craton. In: Flower M F J, Chung S L, Lo C H, et al. Mantle Dynamics and Plate Interactions in East Asia, Geodynamics Series. Washington, D. C.,

American Geophysical Union, 27: 155-165.

Meyer H O, Zhang A, Milledge H J. 1994. Diamonds and inclusions in diamonds from Chinese Kimberlite. CPRM special publication 1/A, 1: 98-115.

Niu Y L, Song S. 2005. The origin, evolution and present state of continental lithosphere. Lithos, 96: 6-10.

Passchier C W, Zhang J S. 2005. Geometric aspects of synkinematic granite intrusion into a ductile shear zone: an example from the Yunmengshan core complex, north China. Geological Society Special Publication, 245: 65-80.

Qi G W, Zhang J J, Wang M. 2015. Mesozoic tectonic setting of rift basins in eastern North China and implications for destruction of the North China Craton. Journal of Asian Earth Sciences, 111: 414-427.

Shi Y R, Zhao X T, Ma Y S, et al. 2009. Late Jurassic–Early Cretaceous Plutonism in the Northern Part of the Precambrian North China Craton: SHRIMP Zircon U–Pb Dating of Diorites and Granites from the Yunmengshan Geopark, Beijing. Acta Geologica Sinica-English Edition, 83: 310-320.

Su S G, Niu Y L, Deng J F, et al. 2007. Petrology and geochronology of Xuejiashiliang igneous complex and their genetic link to the lithospheric thinning during the Yanshanian orogenesis in eastern China. Lithos, 96: 90-107.

Wang T, Guo L, Zheng Y D, et al. 2012. Timing and processes of late Mesozoic mid-lower-crustal extension in continental NE Asia and implications for the tectonic setting of the destruction of the North China Craton: mainly constrained by zircon U–Pb ages from metamorphic core complexes. Lithos, 154: 315-345.

Wang T, Zheng Y, Zhang J, et al. 2011. Pattern and kinematic polarity of late Mesozoic extension in continental NE Asia: perspectives from metamorphic core complexes. Tectonics, 30: TC6007. doi: 10.1029/2011TC002896.

Wong W H. 1927. Crustal Movements and Igneous Activities in Eastern China Since Mesozoic Time. Bulletin of the Geological Society of China, 6(1): 9-37.

Wong W H. 1929. The Mesozoic orogenic movement in eartern China. Bulletin of the Geological Society of China, 8(1): 33-44.

Wu F Y, Walker R J, Yang Y H, et al. 2006. The chemical-temporal evolution of lithospheric mantle underlying the North China Craton. Geochimica et Cosmochimica Acta, 70: 5013-5034.

Wu F Y, Yang J H, Xu Y, et al. 2019. Destruction of the North China Craton in the Mesozoic. Annual Review of Earth and Planetary Sciences, 47(1): 173-195.

Xu J, Zhu G, Tong W, et al. 1987. Formation and evolution of the Tancheng-Lujiang wrench fault system: a major shear system to the northwest Pacific Ocean. Tectonophysics, 134: 273-310.

Xu Y G. 2001. Thermo-tectonic destruction of the Archean lithospheric keel beneath the Sino-Korean craton in China: evidence, timing and mechanism. Physics and Chemistry of the Earth, 26: 747-757.

Yang J H, Chung S L, Wilde S A, et al. 2005. Petrogenesis of post orogenic syenites in the Sulu Orogenic Belt, East China: geochronology, geochemical and Nd-Sr isotopic evidence. Chemical Geology, 214: 99-125.

Zhang H F, Sun M, Zhou X H, et al. 2002. Mesozoic lithosphere destruction beneath the North China Craton: Evidence from major, trace element, and Sr-Nd-Pb isotope studies of Fangcheng basalts. Contributions to Mineralogy and Petrology, 144: 241-253.

Zhang H F, Sun M, Zhou X H, et al. 2003. Secular evolution of the lithosphere beneath the eastern North China Craton: evidence from Mesozoic basalts and high-Mg andesites. Geochimica et Cosmochimica Acta, 67: 4373-4387.

Zhao D, Xu Y, Wiens D. 1997. Depth extent of the lay back-arc spreading center and its relation to subduction processes. Science, 278: 254-257.

Zheng Y D, Wang Y, Liu R, et al. 1988. Sliding-thrusting tectonics caused by thermal uplift in the Yunmeng Mountains, Beijing, China. Journal of Structural Geology, 10: 135-144.

Zhu G, Chen Y, Jiang D, et al. 2015. Rapid change from compression to extension in the North China Craton during the Early Cretaceous: Evidence from the Yunmengshan metamorphic core complex. Tectonophysics, 656: 91-110.

Zorin Y A. 1999. Geodynamics of the western part of the Mongolia-Okhotsk collisional belt, Trans-Baikal region (Russia) and Mongolia. Tectonophysics, 306: 33-56.

第4章 上庄杂岩体

4.1 背景知识

中国东部广泛发育中生代燕山期岩浆活动，八达岭复式花岗杂岩体（图4-1）位于北京北部，是燕山期岩浆侵入活动的典型代表。八达岭岩体西部和北部主要岩性是花岗岩和二长闪长岩，含少量正长岩，成分相对单一，如铁炉子岩体、碓臼峪岩体、黄花城岩体、分水岭岩体、白查岩体等（图4-1）。而西南部的上庄一带（图4-2），岩性组合最丰富，除上述三种岩性之外，还发育辉长岩和辉长闪长岩，构成了一个相对独立完整的壳幔岩浆演化系列，是研究岩浆起源演化和壳幔相互作用的良好对象，近年来受到广泛关注（王焰和张旗，2001；钱青等，2002；苏尚国等，2006；Su et al.，2007；焦守涛等，2013；Liu et al.，2015；汪洋，2014）。

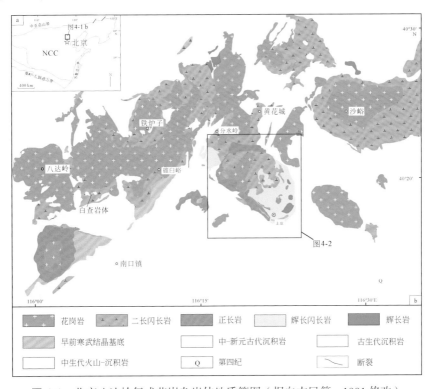

图4-1 北京八达岭复式花岗杂岩体地质简图（据白志民等，1991修改）

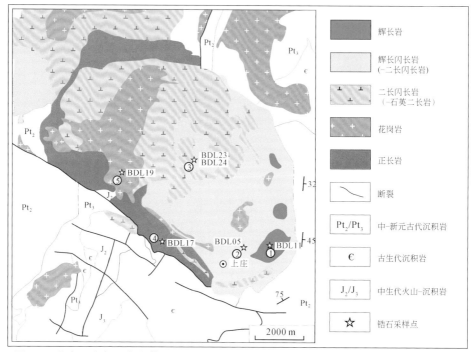

图 4-2   北京上庄侵入杂岩体地质简图（据 1 : 25 万地质图——延庆县幅，2002 修改）

图中显示了辉长岩、辉长闪长岩、二长闪长岩、正长岩和花岗岩 5 类岩性单元的空间分布。需要说明的是，该图中 5 个岩性相带，采用代表性岩性命名，其实际岩性的组成范围较大，不限于代表性岩性。①②③④⑤是 5 个推荐观察点的位置，每个点的露头地质介绍见后文

上庄杂岩体，又名"薛家石梁杂岩体"，主要由辉长岩、辉长闪长岩、二长闪长岩、正长岩和花岗岩 5 类岩性单元构成，是距离北京城区最近（40 余千米，一个马拉松的距离）、岩性组合最为丰富的杂岩体。根据最新的高精度锆石 U-Pb 定年资料，其 5 个岩性单元的岩石结晶年龄范围为 125.7 ~ 127.2 Ma（李友连待刊资料），表明性质如此不同的岩浆，是在同时代一个很短的时间间隔内（~ 1.5 Ma）相继侵位的。

4.1.1   岩体地质和岩相学特征

八达岭复式花岗杂岩是总体呈北东—南西向展布的中生代岩浆岩侵入体群，长约 90 km，宽 10 ~ 20 km，出露面积约 540 km^2（图 4-1b）。八达岭花岗杂岩的围岩主要为早前寒武纪结晶基底和中新元古代—早古生代沉积岩。20 世纪 50 年代初期，在池际尚教授的带领下，北京地质学院对八达岭花岗岩作了基础性研究。随后北京市地质局和北京地质研究所对八达岭花岗岩作了大量详细的区域地质和岩石学研究，奠定了对八达岭杂岩体的基本认识（白志民等，1991；郁建华等，1994）。

上庄杂岩体位于八达岭复式杂岩体的西南部，相对独立，在平面上略呈椭圆状（图 4-2），大致呈北西—南东向延伸，长轴大约 10 km，短轴大约 6 km。该岩体内识别和划分出 5 个岩性单元，或称为侵入相（相带），略呈同心圆状。尽管图中每个岩性单元 / 侵入相采用了代表性岩性命名，但是实际上，每个相带的岩性都有一定的变化范围，不限于代表性岩性（图 4-2）。

4.1.1.1 辉长岩单元

上庄杂岩体中的基性辉长岩分布面积较小，共有 4 ～ 5 个小块，成弧形串珠状分布在岩体东南部的辉长闪长岩单元内部。面积最大的辉长岩小岩体出露在上庄村东北，是长轴近 1 km 的椭圆形，此处原为铁矿采场，早已停止开采。

辉长岩颜色为深灰色到黑色。根据辉长岩的粒度、结构和地球化学特征，可以将辉长岩分为碱性辉长岩（巨晶—粗粒）和亚碱性辉长岩（细粒）。碱性辉长岩矿物颗粒粗大，斜长石、角闪石和辉石的矿物粒径可达 2 ～ 5 mm，部分可达厘米级，露头上可以见这些矿物的斑晶甚至巨晶。碱性辉长岩不含橄榄石，在 TAS 图（Total Alkali versus Silica diagram，图 4-3）上落在碱性区域。亚碱性辉长岩矿物粒径较小（1 ～ 2 mm），通常为等粒辉长结构，除辉石、长石、角闪石外，部分样品含有 5% ～ 10% 的橄榄石，在 TAS 图上位于亚碱性区域。在 Harker 图（待出版）上，碱性辉长岩的大部分元素与辉长闪长岩和二长闪长岩表现出良好的相关性，而亚碱性辉长岩作为真正的典型辉长岩，并不在这个演化趋势线上。

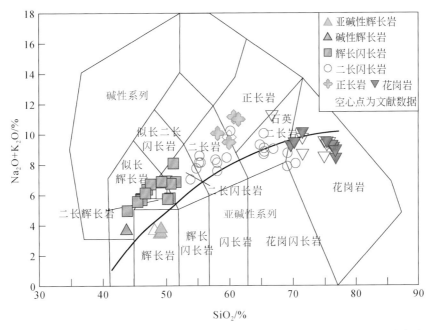

图 4-3 上庄杂岩体的 TAS 图（据 Middlemost，1994；碱性系列与亚碱性系列分界线来自 Irvine and Baragar，1971；实心点数据来自李友连待刊资料；空心点数据来自王焰等，2001 和 Su et al.，2007）
上庄杂岩体 5 类岩石的命名，并未全部依照样品在该图的投点位置，还参考了其他分类方案，以及硅碱之外的其他主元素成分和实际矿物组合

碱性辉长岩主要出露在上庄村北的废弃采矿场露头，可见典型的辉长结构和堆晶结构（图 4-1-2a）。其主要矿物有辉石（20% ～ 30%）和斜长石（30% ～ 40%），角闪石（～ 20%）和黑云母（～ 20%），磁铁矿、钛铁矿和黄铁矿等不透明矿物含量约（1% ～ 5%），榍石可见。辉石成分主要为单斜辉石，成分为 $En_{40～43}Fs_{12～20}Wo_{44～46}$，为接近透辉石的

普通辉石。斜长石牌号 An 较为集中，均为 49～50，为拉长石。角闪石主要是镁质角闪石，他形—半自形柱状，含量变化大（5%～20%）。

亚碱性辉长岩分布在废弃采矿场露头的北侧和东北侧，为块状构造或因球形风化而呈浑圆状。其主要矿物有辉石（30%～40%）和斜长石（30%～50%），角闪石（～10%），黑云母（～10%）以及橄榄石（0～10%），副矿物主要有磁铁矿、钛铁矿、黄铁矿等不透明矿物，以及榍石。橄榄石的 Fo 值为 70 左右。辉石包含斜方辉石和单斜辉石（图 4-4），斜方辉石的成分为 $En_{70\sim74}Fs_{23\sim27}Wo_{2\sim3}$，为古铜辉石；单斜辉石的成分为 $En_{13\sim46}Fs_{10\sim24}Wo_{40\sim45}$，为成分接近透辉石的普通辉石。岩石中可见大的角闪石晶体包含斜方辉石和橄榄石（图 4-4b），橄榄石边缘常有斜方辉石反应边。斜长石牌号 An 为 49～59（图 4-4a），为拉长石，An 牌号普遍高于碱性辉长岩。

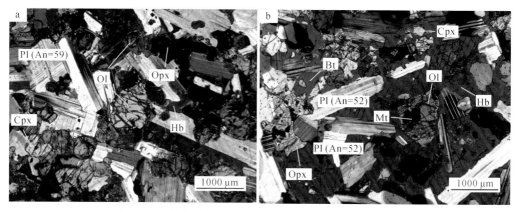

图 4-4　上庄杂岩体中的亚碱性辉长岩薄片显微镜下特征

a. 正交偏光显微照片，斜长石 An 值达 59；b. 正交偏光显微照片，角闪石大斑晶包裹橄榄石、长石和辉石
Pl—斜长石，An—斜长石牌号，Cpx—单斜辉石，Opx—斜方辉石，Hb—角闪石，Bt—黑云母，Mt—磁铁矿

4.1.1.2　辉长闪长岩单元

杂岩体东南部的辉长闪长岩和西北部的二长闪长岩是分布面积最大的两个岩性单元，构成了上庄杂岩体的主体部分，两者之间有相互侵入的复杂地质关系。辉长闪长岩的典型剖面位于上庄村东北的桃下路，剖面上辉长闪长岩的矿物组成、结构和颜色都有较大的变化，并含有很多大小形态不一的暗色包体（图 4-1-2），还有从基性到酸性的多种成分的岩脉穿插（图 4-2-1）。

辉长闪长岩单元是上庄杂岩体中岩性变化范围最大的单元，主要表现为斜长石和镁铁矿物的比例变化范围大。根据镁铁矿物的种类和含量高低，该单元岩石还可以进一步区分出辉石闪长岩、角闪闪长岩和黑云母闪长岩。该单元岩石的颜色为深灰—灰白色，多为粗粒结构，块状构造。该单元岩石的 SiO_2 含量普遍较低（42.6 wt%～50.4 wt%），在 TAS 图上主要落在二长辉长岩区域（图 4-3）。因此，部分学者也将该单元岩石定名为二长辉长岩（如 Su et al., 2007）。但是，根据岩相学观察，该单元岩石主要矿物组合为斜长石（30%～50%）、角闪石（10%～30%）、黑云母（10%～20%）以及辉石（5%～10%）。综合考虑岩相学和地球化学特征，定名为辉长闪长岩更为合适。

该单元岩石普遍发育丰富的磷灰石和榍石，磁铁矿和钛铁矿常见，部分样品可见少量钾长石和石英（＜5%），或为分异最晚期的粒间熔体结晶产物。斜长石为半自形板状，主要是更中长石（An=30～50），明显不同于辉长岩单元中以拉长石为主的情况。角闪石多为不规则状，在薄片下可见不同颜色和晶形的颗粒，电子探针显示不同的角闪石颗粒成分具有一定差异(图 4-2-3a)，并且普遍可见角闪石包含黑云母的现象(图 4-2-3b)。辉石主要是在角闪石晶体中呈残留状态，为透辉石质普通辉石。

4.1.1.3　二长闪长岩

二长闪长岩单元的岩性变化很大，SiO_2 含量为 53%～65%，在 TAS 图上实际包括了二长闪长岩、二长岩和石英二长岩（图 4-3），但是它们都在辉长闪长岩向二长闪长岩的组分连续演化趋势上，显示了与辉长闪长岩单元的演化关系，因此将该单元简称为二长闪长岩。该单元岩石主体为灰白色—浅灰色，有些露头略显肉红色，有些部位可见弱片麻理。在慈悲峪观景台附近，可见辉长闪长岩与二长闪长岩两个岩石单元的分界线（图 4-3-1a）。二长闪长岩露头上最突出的特征是发育丰富的暗色细粒包体，包体主要呈浑圆状，通常为几厘米至几十厘米大小（图 4-3-1b、图 4-3-1c）。

二长闪长岩的主要矿物为斜长石（40%～50%）、碱性长石（10%～30%）、角闪石（10%）、黑云母（10%）、石英（1%～5%），副矿物有榍石、磁铁矿、磷灰石等（图 4-3-2）。斜长石为半自形—他形，粒径 2～5 mm，主要是奥长石﹣中长石，部分样品具有显著的成分环带，核心是中长石，牌号高（An=40），边缘变为奥长石，牌号低（An=16）（图 4-3-2b）。该单元中 SiO_2 含量较高的岩石，其斜长石牌号低，主要是奥长石（An=15～19）。钾长石发育卡氏双晶，可见包裹斜长石，典型组成是 $Or_{86}Ab_{14}$。

4.1.1.4　正长岩

正长岩单元出露面积不大，分布在杂岩体西半部分的边缘，呈现为环抱杂岩体的半圆环状（图 4-2）。其最典型剖面位于下庄村西北 3 km 的安四路西侧采砂厂。

正长岩多为浅灰色—肉红色，局部风化强烈地区为灰白色—浅黄色，粗粒结构，粒度可达 3～4 mm，具有轻微的片麻理。正长岩中也可见细粒暗色包体，呈浑圆状，通常较小，为几厘米至十几厘米大小。正长岩中浅色矿物主要为钾长石（40%～60%）、斜长石（20%～30%），分别主要为正长石和奥长石，两者常呈补片状生长；薄片中未见石英。暗色矿物主要是辉石（＜10%）和黑云母（＜10%）（图 4-4-3）。电子探针成分分析显示，辉石包含斜铁辉石、普通辉石和成分接近透辉石的普通辉石。

4.1.1.5　花岗岩

花岗岩单元位于杂岩体中心，是最晚期的侵入相。花岗岩为灰白色—浅灰色—浅黄色，中细粒块状，未见暗色包体和岩脉穿插，干净均匀。其构成的山体白净挺拔，是著名的银山塔林风景区的背景山体（图 4-5-1）。岩石略呈似斑状结构，斑晶主要为石英，其次为斜长石。岩石主要矿物组成为钾长石（30%～40%）、斜长石（20%～40%）和石英（20%～30%），含少量（＜5%）黑云母和角闪石等镁铁矿物和磁铁矿等不透明矿物（图4-5-2）。钾长石主要为正长石和具格子双晶的微斜长石（图4-5-2b），钾长石中可出溶蠕虫状钠长石；斜长石主要是钠长石。

4.1.2　年代学特征

采用Cameca 1280型离子探针进行锆石U-Pb精细定年研究，新获得了一批可靠的高精度年龄结果（李友连待刊资料）。上庄杂岩体5个岩性单元6个代表性样品的结晶年龄分别为：碱性辉长岩上庄铁矿场样品BDL11年龄为127.2±1.1 Ma；辉长闪长岩上庄村桃下路剖面样品BDL05年龄为126.9±1.1 Ma，辉长闪长岩慈悲峪观景台剖面样品BDL23年龄为126.1±1.1 Ma；二长闪长岩慈悲峪观景台剖面样品BDL24年龄为126.3±1.0 Ma；正长岩下庄安四路采砂场样品BDL17年龄为127.0±1.1 Ma；花岗岩西湖村西北样品BDL19年龄为125.7±1.1 Ma。上庄杂岩体5个岩相单元的岩石结晶年龄集中于125.7～127.2 Ma，在误差范围内是一致的，充分说明上庄杂岩体各岩性单元（侵入相）的5期岩浆作用是同期形成的，在成因上联系密切。

4.1.3　上庄杂岩体的岩石化学特征

根据全岩样品的主量元素组成，可以进一步明确上庄杂岩体的化学组成分布范围及岩性特征。由主元素的SiO_2-Na_2O+K_2O图（图4-3）可见，上庄杂岩体的组分变化范围特别大，从基性一直到酸性，有近乎连续的分布。根据硅碱图中Middlemost（1994）给出的侵入岩分类命名方案，并参考其他分类方案、硅碱之外的其他主元素成分、实际矿物组合，综合给出了上庄杂岩体5类岩石的命名，即辉长岩（进一步区分为碱性辉长岩和亚碱性辉长岩）、辉长闪长岩、二长闪长岩、正长岩和花岗岩，与苏尚国等（2006）采用的方案相当，只是有如下两处不同：他们称为二长岩的岩性单元，我们还是命名为二长闪长岩；我们在对铁矿场露头辉长岩的详细研究中，找到了细粒的亚碱性辉长岩，据此将辉长岩单元，区分为碱性辉长岩和亚碱性辉长岩两部分，他们应该来自不同性质的地幔源区。

进一步观察主元素组成，可以看到上庄杂岩体的一些岩石化学组成特征：只有辉长岩部分保存了典型幔源基性岩高MgO（＞6%）的特点（图4-5a），同时$Mg^\#$大于60，因此可以代表上庄杂岩体岩浆系列的地幔端元；上庄杂岩体整体碱性偏高，但实际上，辉长岩、辉长闪长岩和二长闪长岩这三个相带的岩石，其Na_2O含量都高于K_2O（图4-5b），因此并非通常的由SiO_2-K_2O图定义的以富K为特征的橄榄安粗岩系列；除了碱性偏高，上庄杂岩体的Al_2O_3含量也偏高（图4-5c），一般说来，Al_2O_3＞16%的幔源基性岩浆属于高铝玄武岩系列，上庄杂岩体的初始幔源岩浆的性质当然不能如此简单定义，因为整个杂岩体的结晶分异和壳幔混合作用都很强，需要仔细研究甄别；上庄杂岩体的辉长岩、辉长闪长岩、二长闪长岩和正长岩都是CIPW标准矿物石英小于 17% 的，不在 TTG 岩浆系列的范畴之内，只有花岗岩类的 CIPW 标准矿物石英大于 17%，可以采用 Barker（1979）的 TTG 分类图（图 4-5d）。这一结果表明，上庄杂岩体，甚至整个八达岭巨型杂岩体，并不属于奥长花岗岩 - 英云闪长岩 - 花岗闪长岩系列的岩石，因此缺乏埃达克质岩石存在的岩性条件，或者说主元素条件。因此，八达岭巨型杂岩体中的酸性部分具有的 Ba、Sr 和轻稀土（LREE）富集，Y 和重稀土（HREE）亏损，LREE /HREE 强烈分异等特征，更可能主要是幔源基性岩浆与陆壳物质的混合加上结晶分异作用的结果（钱青等，2002），不能简单地认为是加厚地壳部分熔融的结果（王焰等，2001；苏尚国等 2006；Su et al.，2007；焦守涛等，2013）。

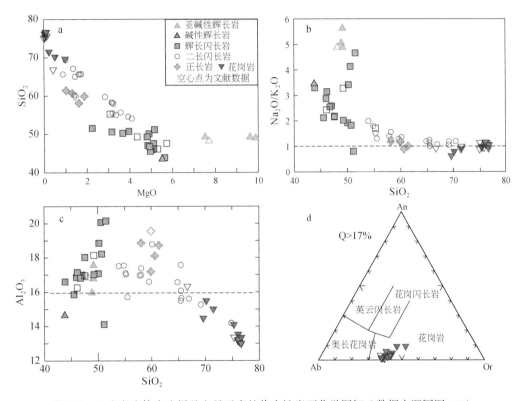

图 4-5　上庄杂岩体全岩样品主量元素的代表性岩石化学图解（数据来源同图 4-3）

a. MgO-SiO$_2$ 相关图解；b. SiO$_2$-Na$_2$O/K$_2$O 图解；c. SiO$_2$-Al$_2$O$_3$ 图解；d. 基于 CIPW 长石标准矿物比例的酸性侵入岩分类图（Barker，1979）。需要说明的是，图 d 为 Barker（1979）对 O'Connor（1965）版本的修改版，广泛用于酸性侵入岩中奥长花岗岩 - 英云闪长岩 - 花岗闪长岩（TTG，Trondhjemite-Tonalite-Granodiorite）系列的确认。上庄杂岩体的 5 类岩性，只有花岗岩类的 CIPW 标准矿物石英大于 17%，符合这个分类，其他 4 类岩性都不符合

4.2　实习点介绍

◉　点 4-1　上庄杂岩体辉长岩单元

位置：上庄村北，废弃的铁矿采场（40°18′12″N；116°23′30″E）。

内容：上庄杂岩体碱性辉长岩，岩浆型铁矿（图4-1-1）。通过放大镜观察辉长岩类的矿物组成，并进行岩石定名。观察典型的辉长结构、堆晶结构，了解辉长结构的成因机理（图4-1-2）。观察露头上辉长岩的斜长石/辉石加角闪石比例关系的变化，以及岩石结构的变化，深入理解岩浆结晶和堆晶的发展过程。寻找铁矿石，了解岩浆型铁矿的形成机理。寻找伟晶岩和黑云母、硫化物，了解岩浆期后热液活动。

图4-1-1　上庄杂岩体辉长岩中铁矿废弃采坑野外露头照片

近景露头是辉长岩，远景山体是上庄杂岩体的围岩蓟县系白云岩；镜头朝东

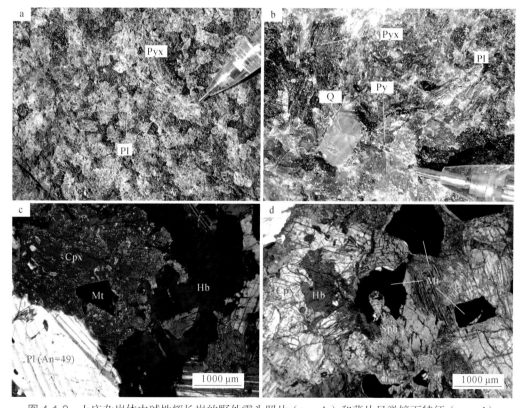

图4-1-2　上庄杂岩体中碱性辉长岩的野外露头照片（a～b）和薄片显微镜下特征（c～d）

a. 碱性辉长岩露头可见的堆晶结构；b. 碱性辉长岩演化到最晚期的结晶相，可见石英晶体；c和d分别为正交偏光和单偏光显微镜照片，可见角闪石呈残片状被包裹于辉石晶体中

Pl—斜长石，An—斜长石牌号，Cpx—单斜辉石、Hb—角闪石，Sph—榍石，Q—石英，Py—黄铁矿，Pyx—辉石，Mt—磁铁矿

◉ **点 4-2　上庄杂岩体辉长闪长岩单元**

位置：上庄村北桃下路，上庄水库大坝旁边（40°18′3″N；116°22′53″E）。

内容：上庄杂岩体辉长闪长岩。借助放大镜认识斜长石、角闪石、黑云母等矿物；借助放大镜找出角闪石中的辉石核；由斜长石和镁铁矿物的比例变化，观察辉长闪长岩的岩性变化；观辉长闪长岩中从基性到酸性的各种成分的岩脉穿插特征（图 4-2-1）；观察不同岩性之间复杂的侵入包裹关系，找出更为暗色的包体（图 4-2-2）。上庄杂岩体辉长闪长岩的薄片显微镜下特征如图 4-2-3 所示。

◉ **点 4-3　上庄杂岩体二长闪长岩和辉长闪长岩的接触界线**

位置：慈悲峪村，南观景台东，小桥东端（40°19′47″N；116°21′9″E）。

内容：上庄杂岩体二长闪长岩和辉长闪长岩两个岩性单元的界线。由斜长石和镁铁矿物的比例变化，辉长闪长岩和二长闪长岩的岩性差别，找出两个岩性单元的界线（图 4-3-1）；观察暗色细粒包体群（图 4-3-2），深入了解岩浆侵入过程中的组分混合作用。

◉ **点 4-4　上庄杂岩体的粗粒正长岩**

位置：下庄村西北 3 km，安四路西侧采砂厂（40°18′4″N；116°′27″E）。

内容：上庄杂岩体中的粗粒正长岩典型露头（图 4-4-1）。借助放大镜认识钾长石双晶；观察暗色细粒包体群（图 4-4-2）。上庄杂岩体粗粒正长岩的薄片显微镜下特征如图 4-4-3 所示。

图 4-2-1　上庄杂岩体二长辉长岩中，成分从基性到酸性的岩脉穿插

图 4-2-2　上庄杂岩体辉长闪长岩中，不同岩性之间复杂的侵入包裹关系，可见大小和形态不同的
暗色包体

图 4-2-3　上庄杂岩体辉长闪长岩的薄片显微镜下特征

a 和 b 分别为粗粒和细粒辉长闪长岩的薄片镜下特征，可见二者矿物粒度不同，但矿物组成大致相似，均可见角闪
石包含黑云母的现象

Bt—黑云母，Ap—磷灰石，Pl—斜长石，Hb—角闪石，An—斜长石牌号，Sph—榍石

图 4-3-1　上庄杂岩体二长闪长岩的野外地质特征

a. 上庄杂岩体慈悲峪剖面辉长闪长岩与二长闪长岩的界线（40°19′41.6″N；116°20′46.8″E）；
b. 百合村西出露的二长闪长岩的暗色包体群；c. 慈悲峪观景台剖面出露的二长闪长岩中的暗色包体群
（40°19′41.1″N；116°22′49.7″E）

图 4-3-2　上庄杂岩体二长闪长岩的薄片显微镜下特征

a. 为单偏光照片，显示角闪石包含黑云母现象（样品 BDL24）；b. 为正交光照片，可见环带斜长石（样品
BDL08）

An—斜长石牌号，Hb—角闪石，Sph—榍石，Bt—黑云母，Kf—钾长石

图 4-4-1   上庄杂岩体采砂厂剖面正长岩野外露头特征

图 4-4-2   上庄杂岩体采砂厂剖面粗粒与细粒正长岩包裹关系

图 4-4-3   上庄杂岩体粗粒正长岩的薄片显微镜下特征

a. 为正交偏光下照片，显示暗色矿物主要为单斜辉石、斜方辉石和黑云母；b. 为正交光下照片，显示斜长石主要是
奥长石，碱性长石主要是正长石，两者呈补片状

Pl—斜长石，An—斜长石牌号，Cpx—单斜辉石，Opx—斜方辉石，Bt—黑云母，Ap—磷灰石，Or—正长石

◉ 点 4-5　上庄杂岩体的细粒花岗岩

位置：西湖村西北，步行 1.0 km（40°19′17″N；116°19′7″E）。

内容：上庄杂岩体中的细粒花岗岩呈白色，构成了银山的主体（图 4-5-1）。石英自形。借助放大镜，找出自形石英；区分钾长石、斜长石和石英，估算它们的相对比例，了解低共结花岗岩组分的特征。上庄杂岩体细粒花岗岩的薄片显微镜下特征如图 4-5-2 所示。

图 4-5-1　上庄杂岩体的白色细粒花岗岩，构成了银山的山体

图 4-5-2　上庄杂岩体细粒花岗岩的薄片显微镜下特征
a. 花岗岩的主要矿物组成；b. 花岗岩中具格子双晶的微斜长石
Pl—斜长石，Q—石英

参 考 文 献

白志民，许淑贞，葛世伟 . 1991. 八达岭花岗岩 . 北京：地质出版社：1-172.

焦守涛，颜丹平，张旗，等 . 2013. 八达岭花岗岩的年龄、地球化学特征及其地质意义 . 岩石学报，029(3): 769-780.

苏尚国, 邓晋福, 赵国春, 等. 2006. 北京燕山地区薛家石梁杂岩体特征、成因、源区性质及岩石圈减薄方式. 地学前缘, 13(2): 148-157.

汪洋. 2014. 造山崩塌过程的岩浆作用响应：以北京薛家石梁－黑山寨岩浆杂岩体为例. 大地构造与成矿学, 38(3): 656-669.

王焰, 张旗. 2001. 八达岭花岗杂岩的组成、地球化学特征及其意义. 岩石学报, 17(4): 533-540.

Liu P P, Zhou M F, Yan D P, et al. 2015. The Shangzhuang Fe-Ti oxide-bearing layered mafic intrusion, northeast of Beijing (North China): Implications for the mantle source of the giant Late Mesozoic magmatic event in the North China Craton. Lithos, 231: 1-15.

Su S G, Niu Y L, Deng J F, et al. 2007. Petrology and geochronology of Xuejiashiliang igneous complex and their genetic link to the lithospheric thinning during the Yanshanian orogenesis in eastern China. Lithos, 96(1-2): 90-107.